Richard M. Stephan
Fernando Castro Pinto
Afonso Celso D. N. Gomes
José A. Santisteban
Andres Ortiz Salazar

Mancais Magnéticos: Mecatrônica sem Atrito

Editor: Paulo André P. Marques
Produção Editorial: Aline Vieira Marques
Assistente Editorial: Amanda Lima da Costa
Capa: Daniel Jara

FICHA CATALOGRÁFICA

STEPHAN, Richard M. PINTO, Fernando Castro. GOMES, Fernando Celso D. N. SANTISTEBAN, José A. SALAZAR, Andres Ortiz.

Mancais Magnéticos – Mecatrônica sem Atrito.

Rio de Janeiro: Editora Ciência Moderna Ltda., 2013.

1. Eletrotécnica – Engenharia Elétrica – Engenharia Eletrônica
I — Título

ISBN: 978-85-399-0479-2 CDD 621.3

Editora Ciência Moderna Ltda.
R. Alice Figueiredo, 46 – Riachuelo
Rio de Janeiro, RJ – Brasil CEP: 20.950-150
Tel: (21) 2201-6662/ Fax: (21) 2201-6896
E-MAIL: LCM@LCM.COM.BR
WWW.LCM.COM.BR **10/13**

Prefácio

Mancais Magnéticos Ativos (AMB) geram forças através de campos magnéticos controlados, de modo que um rotor possa ser mantido suspenso no ar. Não existe contato mecânico de apoio para o rotor e isto permite operação sem lubrificação e sem nenhum desgaste. Estas propriedades especiais de sustentação permitem novas concepções de projeto, altas velocidades de rotação com possibilidade de controle ativo de vibração, alta densidade de potência, operação sem desgaste mecânico, menor manutenção e, portanto, custos mais baixos.

Exemplos de aplicações atuais para mancais magnéticos são:

1. sistemas de vácuo e centrifugação

2. turbo-máquinas

3. máquinas ferramenta, motores elétricos e armazenamento de energia em volantes de inércia

4. instrumentos para o espaço sideral e física

5. equipamentos para identificação e testes de dinâmica de rotores

Efetivamente, a principal área de aplicação é turbo-máquina. As aplicações vão desde pequenas bombas turbo-moleculares até compressores e expansores de gás natural, e grandes turbo-geradores na faixa de MW para usinas descentralizadas. O número de aplicações industriais de AMB em todo o mundo cresce continuamente.

Mancais Magnéticos são um produto mecatrônico típico. O "hardware" é composto por componentes mecânicos combinados com eletrônicos, como sensores e amplificadores de potência, e uma parte de processamento de sinais, geralmente sob a forma de um microprocessador. Além disso, uma parcela cada vez mais importante é o "software". A capacidade inerente de sensoriamento, processamento de informações e atuação dão aos mancais magnéticos potencial para se tornar um elemento-chave em máquinas inteligentes ("smart machines").

No Brasil, o interesse em mancais magnéticos está crescendo de forma constante, em particular, devido ao seu potencial para aplicações industriais em turbo-máquinas. Uma grande massa de conhecimento já está disponível e, portanto, uma equipe de pesquisadores brasileiros iniciou o Grupo de Estudos de Mancais Magnéticos (GEMA), organizando seminários, palestras e conferências. Membros especialistas deste grupo compilaram este livro como uma introdução para o desafiador campo dos mancais magnéticos. Ele contém todos os componentes necessários para a compreensão da teoria básica das diversas áreas de engenharia envolvidas no assunto. Certamente atende ao interesse de estudantes e recém-chegados ao tema, e, como uma característica especial e diferente de outros livros, contém exemplos e exercícios a serem resolvidos pelo leitor, com acesso a soluções.

Como membro de longa data da comunidade internacional de mancais magnéticos e como um defensor devotado do espírito engenhoso brasileiro é com prazer que acolho este primeiro livro brasileiro sobre mancais magnéticos.

Gerhard Schweitzer
Zurich/Switzerland
e
Florianópolis/Brazil

Prefácio em inglês

Active magnetic bearings (AMB) generate forces through controlled magnetic fields in such a way that a rotor is kept in a hovering position. There is no contact between bearing and rotor, and this permits operation with no lubrication and no mechanical wear. These unique bearing properties allow novel designs, high rotor speeds with the possibility of active vibration control, high power density, operation with nomechanical wear, less maintenance and therefore lower costs.

Examples for actual application areas for magnetic bearings are:

1. vacuum techniques and centrifuges
2. turbo-machinery
3. machine tools, electric drives, and energy storing flywheels
4. instruments in space and physics
5. identification and testing equipment in rotor dynamics

The main application area, actually, is turbo machinery. Applications range from small turbo-molecular pumps to compressors and expanders for natural gas, and to large turbo-generators in the Megawatt range for decentralized power plants. The number of industrial AMB applications worldwide is growing steadily.

Magnetic Bearings are a typical mechatronic product. The hardware is composed of mechanical components combined with electronic elements such as sensors and power amplifiers, and an information processing part, usually in the form of a microprocessor. In addition, an increasingly important part is software. The inherent ability for sensing, information processing and actuation give the magnetic bearing the potential to become a key element in smart and intelligent machines.

In Brazil the interest in magnetic bearings is growing steadily, in particular, because of its potential in industrial applications for turbomachinery. A large body of knowledge is already available, and therefore a team of researchers has initiated a Brazilian Magnetic Bearings Group, organizing seminars, lectures and conferences. Expert members of this group have compiled this book as an introduction into the challenging field of magnetic bearings. It contains all the necessary components for understanding the underlying theory from the various engineering areas. It certainly addresses students and newcomers, and, as a special feature and different from other books, it contains examples and tasks to be solved by the reader, and it gives access to solutions as well.

As a long-standing member of the international magnetic bearings community and as a devoted supporter of the Brazilian engineering spirit it is my pleasure to welcome this first Brazilian book on magnetic bearings.

Gerhard Schweitzer
Zurich/Switzerland
and
Florianópolis/Brazil

Sobre os Autores

Afonso Celso Del Nero Gomes: graduação em Engenharia Aeronáutica — Aeronaves ITA (1970), mestrado (1972) e doutorado (1980) em Engenharia de Sistemas e Computação pela Universidade Federal do Rio de Janeiro e pós-doutorado pela University of California, Berkeley (1988). Atualmente é Professor Associado da Universidade Federal do Rio de Janeiro, onde leciona na graduação da Escola de Engenharia (POLI) e na pós-graduação da COPPE e pesquisa nas área geral de Controle Teórico e Aplicado, Sistemas Lineares, e Mancais e Mancais-motores magnéticos.

Andrés Ortiz Salazar: graduação em Ingenieria Eléctronica — Universidad Nacional de Ingenieria (1981), mestrado (1989) e doutorado (1994) em Engenharia Elétrica pela Universidade Federal do Rio de Janeiro. Atualmente é professor Titular da Universidade Federal do Rio Grande do Norte. Tem experiência na área de Engenharia Elétrica, com ênfase em Automação Eletrônica de Processos Elétricos e Industriais, atuando principalmente nos seguintes temas: acionamento de máquinas, eletrônica de potência, máquinas elétricas sem mancais e instrumentação.

Fernando A. N. Castro Pinto: doutorado na Techische Universität Hamburg Harburg em 1996, é atualmente Professor Adjunto da

Universidade Federal do Rio de Janeiro. Publicou diversos artigos em periódicos especializados e eventos científicos, além de livros, nas áreas de Engenharia Mecânica e Produção, bem como pedidos de patentes. É Bolsista de Produtividade em Desenvolvimento Tecnológico e Extensão Inovadora do CNPq — Nível 2. Atua em Engenharia Mecânica, com ênfase em Estática e Dinâmica Aplicada em construção de protótipos, projeto de máquinas, robótica, medições experimentais, processamento de sinais, acústica, NVH, manutenção preditiva de turbinas, etc...

José Andrés Santisteban: graduação em Engenharia Eletrônica — Universidad Nacional de Ingenieria (1986), mestrado (1993) e doutorado (1999) em Engenharia Elétrica pelo Programa de Engenharia Elétrica da COPPE-UFRJ. Atualmente é professor Associado do Departamento de Engenharia Elétrica da Universidade Federal Fluminense. Tem experiência na área de Engenharia Elétrica, com ênfase em Máquinas Elétricas e Dispositivos de Potência, atuando principalmente nos seguintes temas: controle de sistemas eletromecânicos, mancais magnéticos (magnetic bearings), motor-mancal (bearingless machine), inversores multinivel.

Richard M. Stephan: graduação em Engenharia Elétrica pelo IME (1976), mestrado pela COPPE/UFRJ (1980) e doutorado pela Ruhr Universität Bochum (1985), ambos em Sistemas de Controle, e MBA (2005) em Empreendimentos de Tecnologia de Ponta pelo Centre for Scientific Enterprise London (CSEL). Professor titular da Universidade Federal do Rio de Janeiro, tem experiência na área de Engenharia Elétrica, com ênfase em Automação Eletrônica de Processos Elétricos e Industriais, atuando principalmente nos seguintes temas: levitação magnética, supercondutividade, acionamento eletrônico e controle vetorial.

Sumário

Lista de Figuras

Lista de Tabelas

Capítulo 1

Conceituação Básica

1.1 Introdução

O estabelecimento de um novo produto com base tecnológica depende, pelo menos, de 3 fatores:

1. existência de mercado,
2. disponibilidade industrial para produção,
3. congregação de pessoas com habilidades técnicas, comerciais e financeiras que estabeleçam a ligação entre mercado e indústria.

Mancais capazes de suportar cargas elevadas ou altas velocidades de rotação encontram-se entre as principais necessidades de sistemas mecânicos e eletromecânicos. Como será visto no capítulo 2, soluções empregando esferas ou fluidos de interface atendem a este **mercado.** No entanto, existem limitações de difícil transposição. A ideia de um mancal sem contato, suportado por forças elétricas ou magnéticas de atuação à distância, em condição de superar os limites de peso e velocidade atingidos pelos mancais com contato, só pôde se tornar uma realidade comercial com a **disponibilidade industrial,** a partir do final do século XX, principalmente de:

- Dispositivos semicondutores de potência capazes de condicionar sinais de corrente e tensão para produzir eficientemente as forças eletromagnéticas necessárias (capítulo 4),
- Processadores digitais de baixo custo capazes de supervisionar, controlar e simular a operação de mancais magnéticos (como será visto no capítulo 5),
- Sensores e transdutores capazes de colocar precisamente e em termos de sinais elétricos as informações de posição e velocidade de eixos girantes (capítulo 5).

O aprimoramento de um novo produto tecnológico, chamado de Mancal Magnético (MM), bem como as **pessoas** que o tornaram realidade, encontra-se historicamente registrado na série dos "International Symposium on Magnetic Bearings —ISMB", evento que ocorre a cada dois anos desde 1988. Os artigos publicados nesta série de congressos encontram-se na página `http://www.magneticbearings.org`, ou então em `http://www.rotordynamics.org/ISMB.htm`. Seguindo esta linha histórica, constata-se que o desenvolvimento se deu a partir de trabalhos na Suíça, Alemanha, França, EUA e Japão. No Brasil, o Centro Tecnológico da Marinha (CTM-SP) desenvolveu e utiliza mancais magnéticos para suas ultracentrífugas de enriquecimento de Urânio. Além desta experiência de sucesso, trabalhos isolados encontram-se em publicações e teses de mestrado e doutorado provenientes de universidades, especialmente, UFRJ, UFF, UFRN, UNICAMP e USP.

Trata-se de um exemplo de mecatrônica que fortalece o aspecto interdisciplinar, importantíssimo no trabalho de engenharia. A presente publicação aglutina parte do esforço nacional, objetivando apresentar o assunto de forma didática para a preparação de uma massa de conhecimento e mão de obra qualificada que resulte na autonomia brasileira no tema.

Os mancais tradicionais apresentam limitações de ordem térmica e estrutural mecânica. Estas barreiras podem ser ultrapassadas com os mancais magnéticos evitando-se o contato entre as partes girantes.

Mancais Magnéticos encontram oportunidade de aplicação em diversas áreas. Destacam-se as seguintes[5]:

Aeroespaciais e de Alto Vácuo, onde não se admite lubrificação.

Alimentos, devido ao alto grau de pureza e não contaminação exigida.

Medicamentos, pelo mesmo motivo acima.

Alta e baixa temperatura, pela dificuldade de dispor de lubrificante adequado.

Atmosferas explosivas, para evitar pontos de possível atrito e ignição.

Armazenadores de Energia Cinéticos, também chamados de **flywheel**, com o objetivo de diminuir o atrito.

Equipamentos médicos, pela grande exigência de desempenho.

Petróleo e gás[1], pelas necessidades de confiabilidade e facilidade de manutenção.

Destacam-se as seguintes principais vantagens dos Mancais Magnéticos:

- ausência de lubrificação,
- altas velocidades,

- baixas perdas,
- menor custo de manutenção,
- maior vida útil,
- dinâmica controlável,
- alta precisão,
- diagnóstico de operação on-line,
- identificação de parâmetros on-line.

E as seguintes desvantagens:

- maior custo,
- tecnologia sofisticada exigindo mão de obra qualificada,
- tecnologia em rápido desenvolvimento.

1.2 Métodos de levitação magnética

Para efeito de entendimento, as técnicas de levitação podem ser classificadas como mecânicas, elétricas ou magnéticas [9]. Dentre as técnicas mecânicas, estão as que usam força pneumática, como é explorado no conhecido *hovercraft*, ou ainda forças aerodinâmicas, como usado nos aviões.

Como técnica elétrica, pode-se conceber uma situação em que cargas elétricas de mesma polaridade estejam dispostas frente a frente. As propostas implementadas por Naudin (`http://jnaudin.free.fr`) ou Moreirão (página `http://www.coe.ufrj.br/~acmq`) também podem ser classificadas como elétricas, porém, diferentemente da concepção acima, empregam a força oriunda de descargas elétricas (efeito Corona).

Finalmente, podem ser citados os métodos magnéticos. Estes métodos valem-se sempre da intensidade de um campo magnético, como será apresentado nos próximos capítulos. Neste ponto, deve-se ainda registrar a levitação com materiais diamagnéticos, mas cuja força resultante é bem menor [6]. Por sua vez, os métodos de levitação magnética são subdivididos em três grupos, descritos abaixo [8]:

1.2.1 Levitação Eletrodinâmica (EDL)

Este tipo de levitação necessita do movimento de um campo magnético nas proximidades de um material condutor. A proposta japonesa de trem de levitação, LEVMAG (`http://www.rtri.or.jp/index.html`), está calcada neste princípio [7]. Se um material magnético (ímã, por exemplo) realizar um movimento relativo a uma lâmina condutora (alumínio, por exemplo), correntes parasitas serão induzidas no condutor. Estas correntes, por sua vez, gerarão um outro campo magnético o qual, pela lei de Lenz, opor-se-á à variação do campo do material magnético. A interação entre estes dois gerará uma força repulsiva no material magnético. Esta força é a responsável pela levitação do corpo. Uma outra força também existe neste modo de levitação, só que contrária ao movimento do material magnético (força de arraste). Esta última força é similar à desenvolvida em um motor de indução, bastando observar que a velocidade corresponde ao escorregamento de um motor de indução rotativo, (figura 1.1). A força de levitação aumenta com a velocidade, enquanto a de arraste favoravelmente diminui. Esta técnica de levitação pode ser aplicada para mancais de máquinas rotativas, porém com menor incidência que os métodos a seguir apresentados[10].

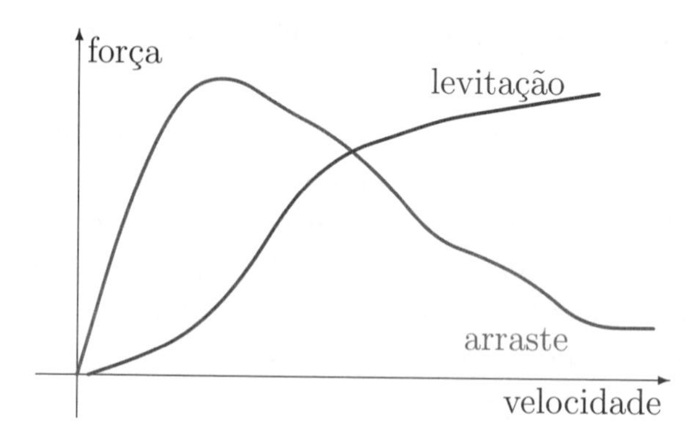

Figura 1.1: Forças de arraste e de levitação (EML)

1.2.2 Levitação Supercondutora (SML)

Este tipo de levitação baseia-se no efeito Meissner de exclusão de campo magnético do interior dos supercondutores, e.g. [3]. No caso dos supercondutores do tipo II, esta exclusão é parcial, o que diminui a força de levitação, mas conduz à estabilidade da levitação (figura 1.2 na página 7) devido ao efeito chamado "pinning". Este fenômeno apenas pôde ser devidamente explorado a partir do final do século XX com o advento de novos materiais magnéticos e pastilhas supercondutoras de alta temperatura crítica, que se tornam supercondutoras a temperaturas muito mais elevadas do que os supercondutores convencionais. Os novos supercondutores de alta temperatura crítica podem ser resfriados com nitrogênio líquido (temperatura de ebulição −196°C) enquanto que os supercondutores convencionais precisam ser refrigerados com hélio líquido (temperatura de ebulição −269°C), o que torna o custo da refrigeração proibitivo para aplicações industriais. Estes novos supercondutores estão sendo usados na pesquisa de um novo tipo de trem de levitação em diferentes países, incluindo o Brasil (`http://www.dee.ufrj.br/lasup`), China (http://asclab.swjtu.edu.cn) e Alemanha (http://ifwdresden.de). Os supercondutores também encontram aplicação em mancais rotativos[2].

Figura 1.2: Disco magnético levitando sobre uma pastilha supercondutora

1.2.3 Levitação Eletromagnética (EML)

Este tipo se aplica na proposta alemã, o trem Transrapid (página http://www.transrapid.de), atualmente implementado na China numa conexão de 30km entre o Pudong Shanghai International Airport e o Shanghai Lujiazui, um distrito financeiro, e na proposta japonesa HSST (http://hsst.jp) com grandes exemplos de sucesso [4]. Tal sistema de levitação é tipicamente instável, obrigando a realização de um sistema de controle em malha fechada. Este é o método mais empregado em Mancais Magnéticos e encontra-se detalhado neste livro.

1.3 Componentes de um MM

Os constituintes básicos de um Mancal Magnético (MM) são:
Atuador, constituído de circuitos de eletrônica de potência.
Controlador, usualmente um processador digital.
Sensores de posição, corrente e velocidade.
Circuito magnético, com as bobinas e núcleos ferromagnéticos.
Mancal mecânico de proteção, ou auxiliar.

Todas estas partes devem operar em conjunto. Por isto mesmo, os mancais magnéticos podem ser tomados como um excelente exemplo de mecatrônica. A figura 1.3 apresenta um mancal magnético comercial.

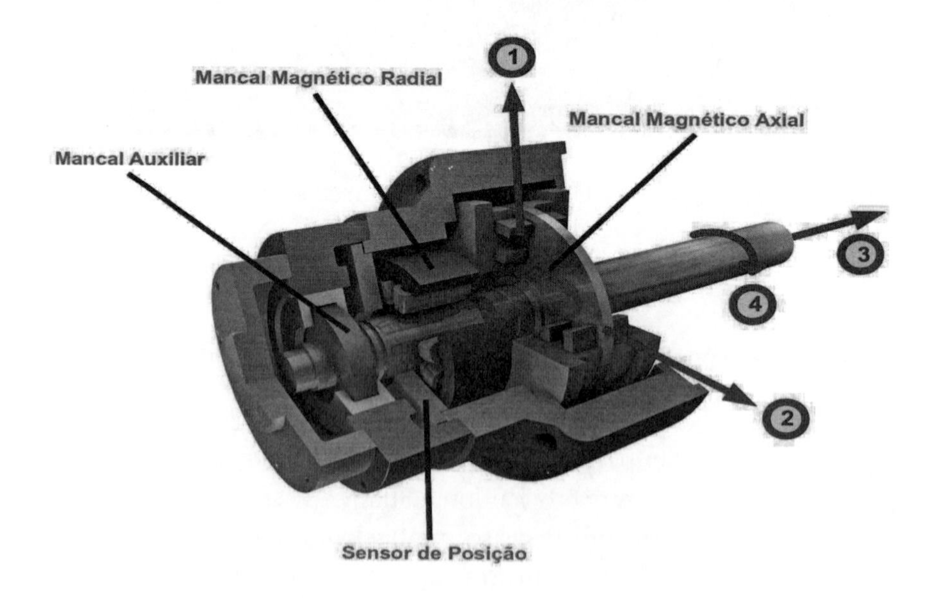

Figura 1.3: Componentes de um mancal magnético comercial (cortesia Waukesha)

Na figura 1.3, as direções ortogonais 1 e 2 são comtroladas por mancais magnéticos radiais. A direção 3 é controlada por um mancal axial, também indicado na figura. O único grau de liberdade correponde à rotação, indicada por 4.

Os fabricantes mundiais mais conhecidos de mancais magnéticos são mostrados na tabela a seguir:

Tabela 1.1: Fabricantes mundiais de MMs

Waukesha	`http://www.waukbearing.com`
Foster-Miller	`http://www.foster-miller.com`
MECOS	`http://www.mecos.ch`
S2M	`http://www.s2m.fr`
SKF	`http://www.skf.com`
SYNCHRONY	`http://synchrony.com`
FMC	`http://www.fmctechnologies.com`

1.4 Mancal Magnético e Motor Mancal Magnético

A figura 1.4(a) mostra uma montagem com um motor, cujos mancais convencionais, de rolamentos, foram substituídos por magnéticos. São necessários dois mancais radiais, para posicionar o eixo na direção perpendicular ao eixo de rotação, e um mancal axial, para controlar deslocamentos na direção do rotor.

Por sua vez, como será explicado mais adiante, cada mancal radial é constituído de quatro bobinas, e o mancal axial por duas. Para a alimentação de cada bobina, necessita-se de um inversor monofásico que controlará a corrente de alimentação. Assim, serão necessários 10 inversores monofásicos para estas tarefas. Além disto, a alimentação do motor emprega usualmente um inversor trifásico para o controle da velocidade e torque da máquina. Na tentativa de diminuir a quantidade de inversores, a proposta ilustrada na figura 1.4(b) utiliza dois motores alimentados com inversores trifásicos. As correntes impostas nos enrolamentos destes motores garantem tanto o posicionamento radial quanto a produção de torque. Este assunto será estudado no capítulo 6. Esta configuração continua solicitando um mancal axial alimentado por dois inversores monofásicos, mas a diminuição dos equipamentos de eletrônica de potência fica patente.

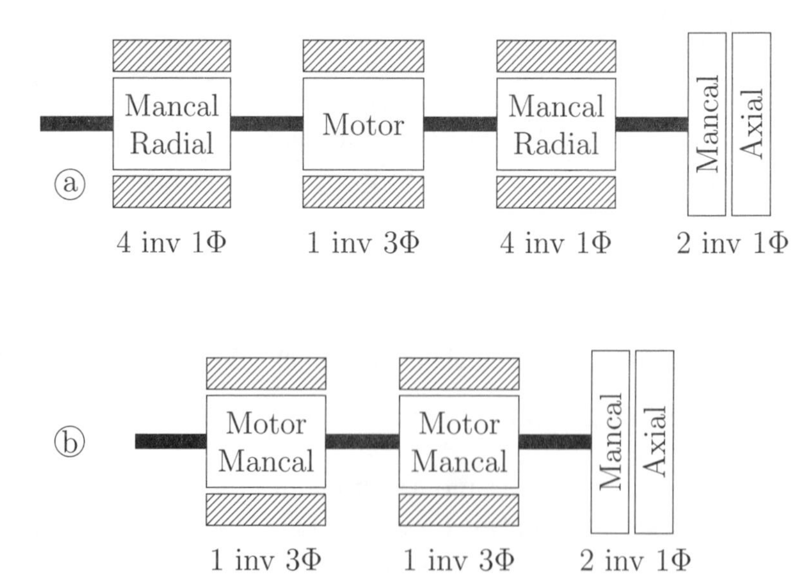

Figura 1.4: (a) Configuração com um Motor Convencional e dois Mancais Magnéticos; (b) mesma funcionalidade, com economia de componentes, obtida com dois Motores-mancais Magnéticos

1.5 Circuitos Magnéticos

1.5.1 Recordação das Equações de Maxwell

O relacionamento entre campos elétricos e magnéticos encontra-se bem estabelecido nas equações de Maxwell, reproduzidas abaixo nas suas formas integral e diferencial.

Tabela 1.2: Equações de Maxwell: tabela básica

Equações de Maxwell	
forma integral	forma diferencial
$\int D.\mathrm{d}S = \int \rho \mathrm{d}V$	$\nabla.D = \rho$
$\int B.\mathrm{d}S = 0$	$\nabla.B = 0$
$\int E.\mathrm{d}l = -\mathrm{d}\Phi/\mathrm{d}t$	$\nabla \times E = -\mathrm{d}B/\mathrm{d}t$
$\int H.\mathrm{d}l = Ni$	$\nabla \times H = J$

Em que: D representa a densidade de fluxo elétrico, E a intensidade do campo elétrico, B a densidade de fluxo magnético, H a intensidade de campo magnético, i a corrente elétrica, N o número de enlaces de corrente elétrica, ρ a densidade volumétrica de carga elétrica, Φ o fluxo magnético, J a densidade de corrente elétrica. E também, $\mathrm{d}S$ denota o diferencial de área, $\mathrm{d}V$ o de volume, $\mathrm{d}l$ o de comprimento e $\mathrm{d}t$ o de tempo. Para o estudo dos circuitos magnéticos, bastam a segunda e a quarta equações. O exemplo abaixo (figura 1.5) ilustra esta afirmação, mostrando um circuito magnético básico. Um núcleo de material ferromagnético, com um espaço ("gap") de ar de comprimento d está enlaçado N vezes por uma corrente i.

Considerando a intensidade de campo magnético constante no interior do material ferromagnético (fe) e também no espaço de ar, a

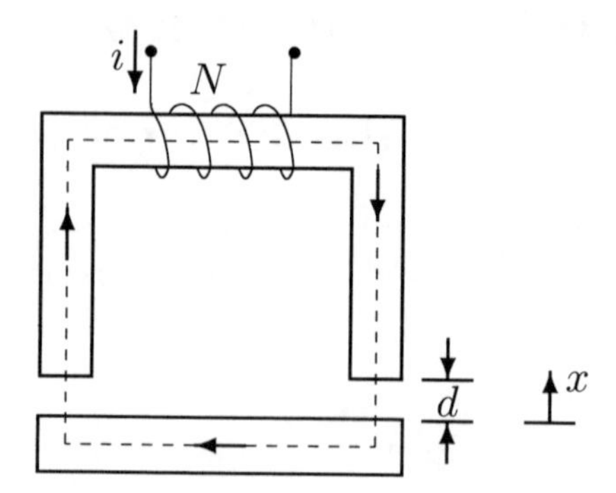

Figura 1.5: Circuito magnético básico para núcleo de material ferromagnético

aplicação da quarta lei leva a:

$$l_{\text{fe}}H_{\text{fe}} + 2dH_{\text{ar}} = Ni \tag{1.1}$$

Já a segunda lei permite escrever:

$$B_{\text{fe}}A_{\text{fe}} = B_{\text{ar}}A_{\text{ar}} \tag{1.2}$$

Por sua vez, admitindo que d seja suficientemente pequeno para desprezar a dispersão de campo magnético, as áreas de ferro e ar podem ser tomadas iguais ($A_{fe} = A_{ar} = A$), o que resulta:

$$B_{\text{fe}} = B_{\text{ar}} = B \tag{1.3}$$

O relacionamento entre B e H é dado pela permeabilidade magnética μ:

$$B_{\text{fe}} = \mu_0\mu_r H_{\text{fe}} \qquad \text{e} \qquad B_{\text{ar}} = \mu_0 H_{\text{ar}}$$

Combinando as equações acima, chega-se a:

$$B = \frac{\mu_0 Ni}{l_{\text{fe}}\mu_r^{-1} + 2d} \tag{1.4}$$

Sabe-se que $\mu_r >> 1$, o que resulta em:

$$B = \frac{\mu_0 Ni}{2d} \tag{1.5}$$

1.5.2 Circuito elétrico equivalente

A segunda equação de Maxwell ensina que o fluxo magnético em um circuito é constante. Com isto, o fluxo se assemelha à corrente em um circuito elétrico, regida pela lei de Kirchoff de Corrente. Por outro lado, a quarta equação diz que o somatório das parcelas Hl deve ser igual ao produto Ni, conhecido como força magnetomotriz F_{mm}. Isto lembra a lei de Kirchoff de Tensão. Mais ainda:

$$Ni = Hl = \frac{Bl}{\mu} = \frac{\Phi l}{\mu A} = \Phi \frac{l}{\mu A} \tag{1.6}$$

A Relutância de um circuito magnético de comprimento l e área A é definida como $\mathcal{R} = l/(\mu A)$. Esta definição lembra a resistência de um condutor elétrico. Finalmente, o circuito magnético analisado no item anterior pode agora ser tratado pelo circuito elétrico equivalente da figura 1.6.

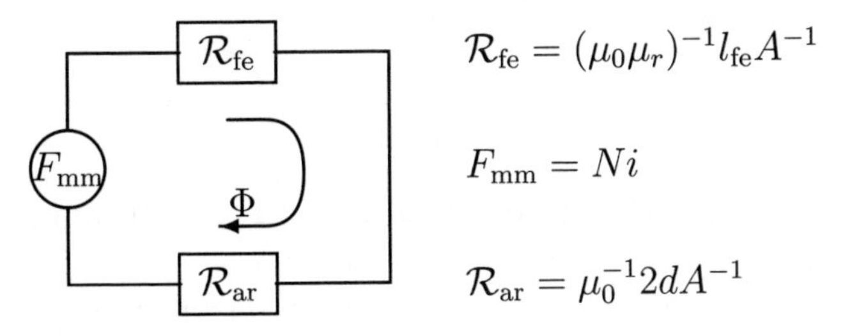

$\mathcal{R}_{\text{fe}}$
F_{mm}
Φ
$\mathcal{R}_{\text{ar}}$
$\mathcal{R}_{\text{fe}} = (\mu_0\mu_r)^{-1} l_{\text{fe}} A^{-1}$
$F_{\text{mm}} = Ni$
$\mathcal{R}_{\text{ar}} = \mu_0^{-1} 2d A^{-1}$

Figura 1.6: Circuito elétrico equivalente ao circuito magnético básico

Resolvendo como um circuito elétrico, chega-se a:

$$\Phi = \frac{Ni}{\mathcal{R}_{\text{fe}} + \mathcal{R}_{\text{ar}}} = \frac{\mu_0 NiA}{2d + l_{\text{fe}}\mu_r^{-1}} \tag{1.7}$$

Os encaminhamentos apresentados nas seções 1.5.1 e 1.5.2 levam ao mesmo resultado, como mostram as equações (1.4) e (1.7) lembrando que $B = \Phi/A$.

1.5.3 Determinação de forças eletromagnéticas

A determinação de forças em sistemas eletromecânicos fica facilmente abordada partindo do princípio de conservação de energia. Considerando o sistema ilustrado na figura 1.7, pode-se escrever: $E_e = E_a + E_p + E_s$

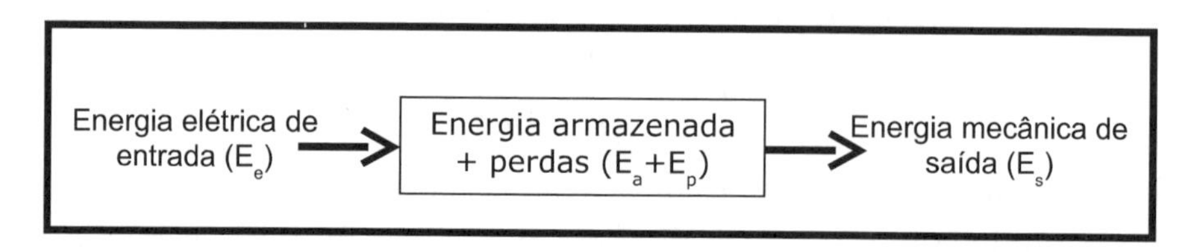

Figura 1.7: Energias em jogo em um sistema eletromecânico

Derivando-se em relação ao tempo, chega-se à expressão de potência:

$$P_e = \frac{\mathrm{d}}{\mathrm{d}t}(E_a + E_p) + P_s \tag{1.8}$$

A potência elétrica de entrada (P_e) fica determinada por $P_e = vi$ em que a tensão v vale $v = \mathrm{d}\lambda/\mathrm{d}t$, onde $\lambda = N\Phi$ é o fluxo enlaçado. Já a potência de saída (P_s) pode resultar de um movimento de rotação ou translação: $P_s = f(\mathrm{d}x/\mathrm{d}t)$. Desprezando-se a parcela de perdas dos sistemas eletromecânicos e combinando-se a equação (1.8) com as devidas substituições, vem:

$$i\frac{\mathrm{d}\lambda}{\mathrm{d}t} = \frac{\mathrm{d}E_a}{\mathrm{d}t} + f\frac{\mathrm{d}x}{\mathrm{d}t} \quad \Rightarrow \quad \mathrm{d}E_a = i\mathrm{d}\lambda - f\mathrm{d}x \tag{1.9}$$

Percebe-se que a energia armazenada é uma função do fluxo enlaçado e da posição. Isto permite escrever:

$$E_a = E_a(\lambda, x) \quad \Rightarrow \quad \mathrm{d}E_a = \frac{\partial E_a}{\partial \lambda}\mathrm{d}\lambda + \frac{\partial E_a}{\partial x}\mathrm{d}x \tag{1.10}$$

Em um mancal magnético, naturalmente, existe também muita energia armazenada na forma cinética, mas esta não varia com a posição do eixo na direção radial. A comparação das equações (1.9) e (1.10) leva a:

$$f = -\frac{\partial E_a}{\partial x} \qquad \text{e} \qquad i = \frac{\partial E_a}{\partial \lambda} \tag{1.11}$$

Assim, a força fica determinada pela taxa de variação da energia armazenada com relação ao deslocamento. Sabe-se que a energia armazenada em uma região em que se encontra presente um campo magnético é dada pela integral de volume:

$$E_a = \frac{1}{2}\int \boldsymbol{B}.\boldsymbol{H}\mathrm{d}V \tag{1.12}$$

Para o circuito da figura 1.5 vale:

$$E_a = \frac{1}{2}BHV = \frac{1}{2}BHA2x \tag{1.13}$$

$$f = -\frac{\partial E_a}{\partial x} = -\frac{1}{2}BH2A \tag{1.14}$$

$$f = -\frac{1}{2\mu_0}B^2 2A \tag{1.15}$$

Valendo-se da equação (1.5), segue:

$$f = -\frac{1}{4}\mu_0 N^2 A\left(\frac{i}{d}\right)^2 = -K_m\left(\frac{i}{d}\right)^2 \tag{1.16}$$

O sinal negativo na expressão de força indica que se trata de uma força atrativa, no sentido de diminuir x.

1.5.4 Forças de levitação magnética

Fluxos magnéticos da ordem de 1 Tesla são usualmente encontrados em configurações práticas. Substituindo este valor na equação (1.15), vem:

$$B = 1\text{T} \quad \Rightarrow \quad \frac{f}{2A} = \frac{1}{2}\frac{B^2}{\mu_0} = 40\text{Ncm}^{-2}$$

Uma comparação da ordem de grandeza das pressões obtidas com as diferentes técnicas de levitação encontra-se na Tabela 1.3 a seguir, retirada de [8]. Para trens de levitação magnética, o "gap" usual no método EML, por questões de segurança e viabilidade construtiva, sobe para 10mm.

Tabela 1.3: Ordem de grandeza da pressão obtida com forças magnéticas

Método de levitação	Pressão (Ncm^{-2})	"gap" usual (mm)
EML	10^2	1
SML	10	10
EDL	10	100

1.6 Conclusões

As bases para o estudo dos mancais magnéticos foram apresentadas neste capítulo introdutório. Os exercícios propostos, considerados indispensáveis para o entendimento, reforçam os conceitos fundamentais. Os capítulos seguintes aprofundarão o estudo, aproximando-se das necessidades e implementações práticas.

1.7 Exercícios

Exercício 1.7.1 *A força que pode ser obtida por uma sapata de mancal magnético de área total S, como visto na equação (1.15), é dada por*

$$F_u = \frac{1}{2\mu_0} S B^2$$

a partir daí, fazendo $B = B_0 + \Delta B$ *e considerando* $B_0 \gg \Delta B$, *vem*

$$F_u = \frac{1}{2\mu_0} S \left(B_0^2 + 2B_0 \Delta B \right).$$

Por outro lado, na configuração diferencial, onde duas sapatas estão dispostas em oposição, a força resultante vale

$$F_d = F_{u^+} - F_{u^-} = \frac{2}{\mu_0} S B_0 \Delta B.$$

Pede-se:

1. *para* $B_0 = 1T$ *e* $\Delta B = 0{,}1T$, *o valor da força nos dois casos acima mencionados;*
2. *verificar que a força obtida no modo diferencial é menor;*
3. *qual a vantagem de se trabalhar então no modo diferencial?*

Exercício 1.7.2 *Supõe-se um campo magnético constante entre os polos de um eletromagneto, como ilustrado na figura 1.8. Para a solução devem ser consideradas as distorções nas linhas de campo introduzidas pela esfera de material ferromagnético, que não estão indicadas na figura.*

1. *Mostrar que a força sobre a esfera de material ferromagnético colocada entre estes polos é nula.*

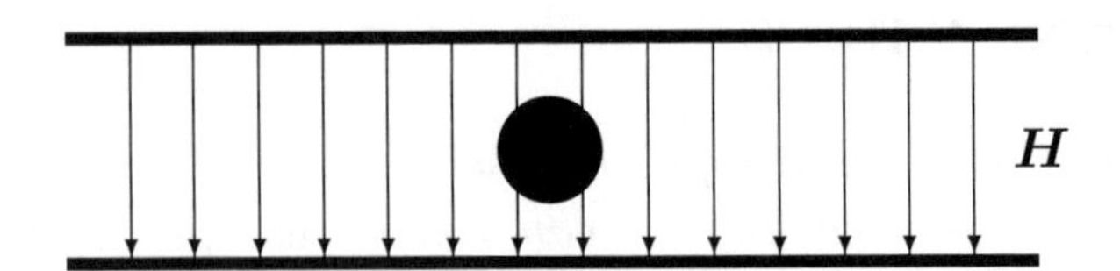

Figura 1.8: Esfera de material ferromagnético em região com campo magnético constante; as distorções introduzidas nas linhas de campo não são mostradas.

2. *Resolver o exercício para uma barra de material ferromagnético, em lugar da esfera.*

Exercício 1.7.3 *O circuito magnético ilustrado na figura 1.9 é alimentado por uma fonte de tensão v; a corrente resultante i percorre N espiras. O entreferro tem comprimento g e área A. A permeabilidade magnética do Ferro pode ser considerada infinita e a do ar é μ_0.*

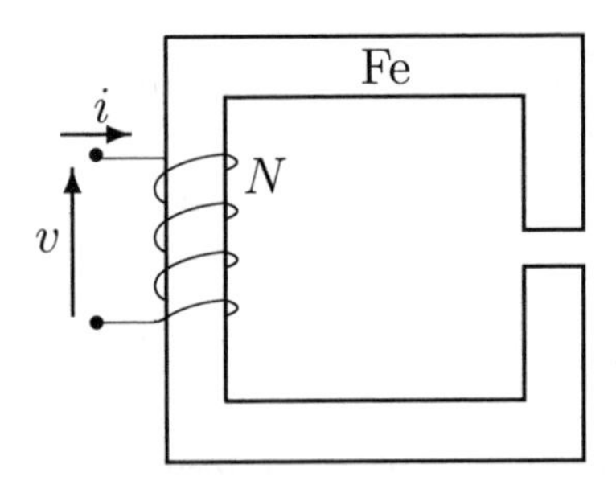

Figura 1.9: Circuito magnético alimentado por bobina

1. *Calcular o fluxo magnético no circuito. (resposta: $\varphi = NiA\mu_0/g$).*

2. *Determinar a densidade de campo magnético. (resposta: $B = Ni\mu_0/g$).*

3. *Quanto vale a indutância do circuito? (resposta: $L = N^2 A\mu_0/g$).*

4. *Quanto vale a energia magnética armazenada, de acordo com a equação $W = (1/2)\int \boldsymbol{B}.\boldsymbol{H}\mathrm{dV}$?*

5. *A partir dos itens 3.) e 4.) anteriores concluir que $W = (1/2)Li^2$.*

6. *Sendo a potência elétrica $p = vi$, calcular o trabalho necessário para levar a corrente do circuito de 0 até i. Dica: $W = \int p\,\mathrm{dt}$; $v = L\mathrm{d}i/\mathrm{dt}$.*

7. *Observando os resultados dos itens 5.) e 6.) o que se pode concluir a respeito da equação (1.12)?*

Exercício 1.7.4 *A parte destacada do circuito magnético ilustrado na figura 1.10 representa um ímã permanente com magnetismo remanente B_r; a perna central do núcleo de ferro tem área S e as laterais $S/2$; a permeabilidade magnética do ferro é muitas vezes maior que a do ar. Resolver o circuito magnético, considerando o ímã como um eletroímã equivalente, com uma única espira, percorrida pela corrente i_{eq}.*

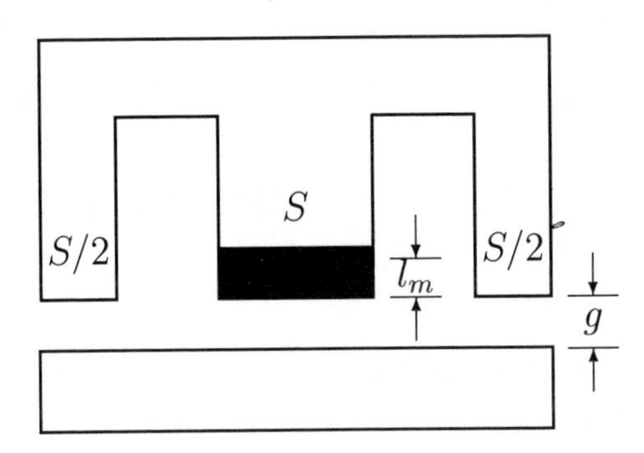

Figura 1.10: Circuito magnético com ímã permanente

1. *Mostrar que*

$$i_{eq} = \frac{1}{\mu_0} B_r l_m. \tag{1.17}$$

2. *Admitindo que a região com ímã se comporta como entreferro, mostrar que a densidade de campo magnético no entreferro vale*

$$B_g = B_r \frac{l_m}{l_m + 2g} \tag{1.18}$$

O mesmo problema pode ser abordado diretamente a partir da curva que caracteriza o ímã permanente dada abaixo, na figura 1.11, sem a necessidade de se calcular uma corrente equivalente.

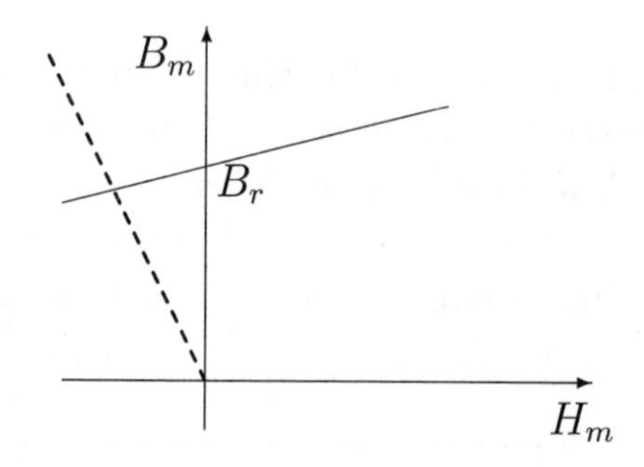

Figura 1.11: Curva de magnetização do ímã permanente

Aplicando a lei de Ampère ao circuito magnético vem:

$$H_m l_m + 2H_g g = 0. \tag{1.19}$$

Notar que, nesta solução, não se considera uma corrente equivalente. Por outro lado, a densidade de campo magnético é praticamente a mesma no ar e no ímã:

$$B_m = B_g = \mu_0 H_g. \tag{1.20}$$

As equações (1.19) e (1.20) levam a

$$B_m = \frac{-\mu_0 l_m H_m}{2g} \tag{1.21}$$

A equação (1.21) é conhecida como reta de carga e está representada em pontilhado na figura 1.11. Agora, o ponto de operação pode ser obtido graficamente pela interseção da reta de carga com a curva de magnetização do ímã.

1. *Mostrar que esta solução leva também à equação (1.18) para o caso de a curva de magnetização do ímã ser dada por* $B_m = B_r + \mu_0 H_m$.

2. *Concluir que se* $l_m \gg 2g$ *então* $B_g \approx B_r$.

Exercício 1.7.5 *O circuito magnético representado na figura 1.12 é constituído por um ímã toroidal de comprimento* l_m *com área de secção transversal* A_m *e uma região de ar de comprimento* g *e área* A_g.

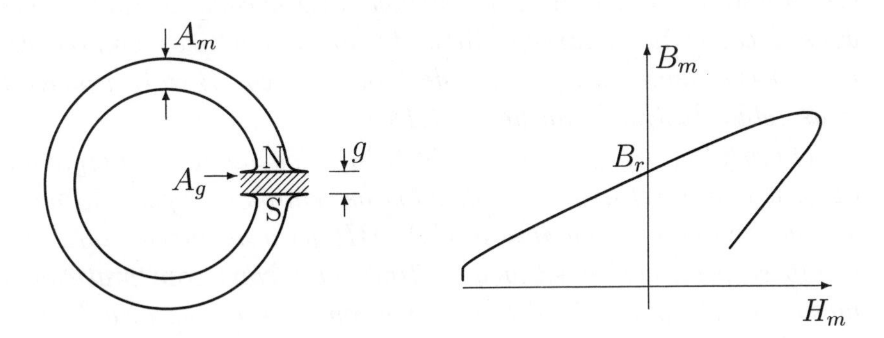

Figura 1.12: Ímã permanente toroidal

1. *Aplicando a lei de Ampère, relacionar a intensidade* H_m *do campo magnético no interior do material magnético com a intensidade* H_g *no entreferro.*

2. *Lembrando a continuidade do fluxo magnético, relacionar a densidade B_m de fluxo magnético no interior do material magnético com a densidade B_g no entreferro.*

3. *Determinar graficamente o ponto de operação na curva $B_m \times H_m$ do material magnético também apresentada na figura 1.12.*

4. *Demonstrar que o volume de ímã (Vol. $= A_m l_m$) necessário para estabelecer uma densidade B_g de fluxo magnético em uma região de ar pré-determinada (hachurada na figura) é minimizado para o valor máximo do produto $B_m H_m$ — $(B_m H_m)_{max}$ — conhecido como densidade de energia magnética do material, medida em J/m^3.*

5. *Indicar, aproximadamente, este ponto de máxima densidade de energia magnética na curva de $B_m \times H_m$.*

Exercício 1.7.6 *AlNiCo, desenvolvido na década de 1930, e Ferrita, duas décadas mais tarde, são materiais magnéticos empregados em ímãs permanentes até os dias de hoje. Curvas $B \times H$ típicas destes ímãs estão ilustradas na figura 1.13.*

O produto $(BH)_{max}$ é conhecido como densidade de energia magnética. Na figura 1.13, estão indicados os pontos de operação que atendem à condição de máximo produto BH para as curvas apresentadas. Como se pode ver, a situação retrata materiais com praticamente o mesmo $(BH)_{max} = 28{,}8 kJ/m^3$. Nos ímãs de terras-raras, este valor pode ser 10 vezes maior. Quanto maior este produto, menor o volume de ímã necessário para estabelecer uma determinada densidade de fluxo magnético em uma região (volume) de ar. Considere a região de ar definida por uma área $A_g = 326{,}50 mm^2$ e uma espessura de "gap" (entreferro) $g = 1mm$, na qual se deseja estabelecer uma densidade de fluxo magnético $B_g = 1T$.

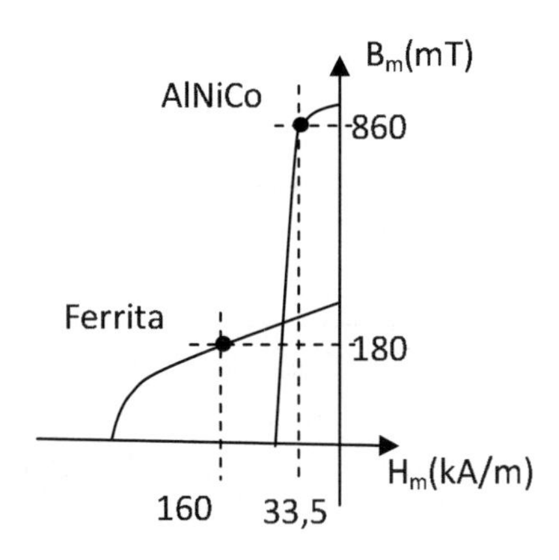

Figura 1.13: Curvas $B \times H$ para AlNiCo e Ferrita

1. *Calcule as dimensões (área e comprimento) do ímã de Ferrita, de menor volume, que atende esta condição.*

2. *Calcule as dimensões (área e comprimento) do ímã de AlNiCo, de menor volume, que atende esta condição.*

3. *Compare o volume dos dois ímãs.*

4. *Faça um desenho em escala dos dois ímãs e comente o resultado.*

Observação: Admita que o ferro disponível para completar eventuais circuitos magnéticos tenha permeabilidade infinita e dispersões e efeitos de borda possam ser desprezados.

Exercício 1.7.7 *A sapata de mancal magnético ilustrada na figura 1.14 apresenta largura w, altura h e profundidade b constantes.*

1. *Demonstrar que a força de atração obtida com a configuração da sapata magnética da figura 1.14 é dada por*

$$f = \mu_0 bcJ^2(h-c)^2\frac{(w-2c)^2}{(2s)^2}$$

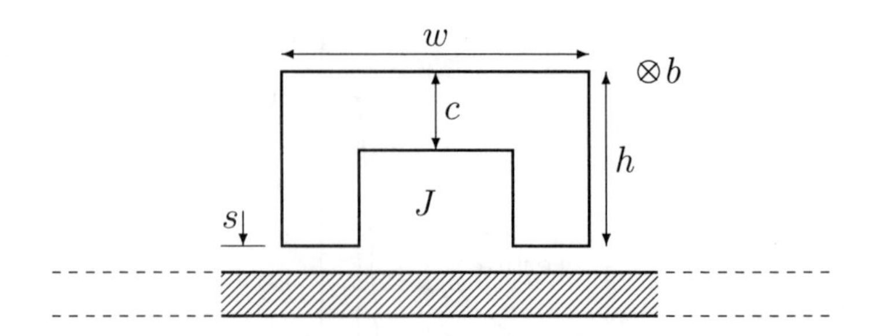

Figura 1.14: Sapata magnética

em que J é a densidade de corrente nos condutores do eletroímã, indicados apenas na ranhura central da figura.

2. *Traçar curvas da força em função da largura c da sapata e parametrizadas pelo "gap" s. Constatar que independentemente do valor de gap a força é maximizada para um mesmo valor de c. Usar $b = 40mm$, $h = 60mm$, $w = 50mm$, $J = 2A/mm^2$.*

3. *Este problema admite uma solução analítica? (resp.: $c = 6{,}8mm$)*

Exercício 1.7.8 *A equação (1.16) relaciona, de forma não linear, a força eletromagnética com corrente elétrica e afastamento. Essencialmente, esta equação ensina que a força será maior para correntes maiores e afastamentos menores. Um sistema como o da figura 1.15 a seguir ilustra a levitação eletromagnética de uma esfera metálica.*

Linearizar a equação da força eletromagnética em torno de um ponto de equilíbrio (i_r, d_r). Mostrar que

$$f_m = f_r + k_i \Delta i + k_h \Delta h$$

em que

$$k_i = 2K_m \frac{i_r}{d_r^2} \qquad k_h = 2K_m \frac{i_r^2}{d_r^3} \qquad f_r = mg = K_m \left(\frac{i_r}{d_r}\right)^2$$

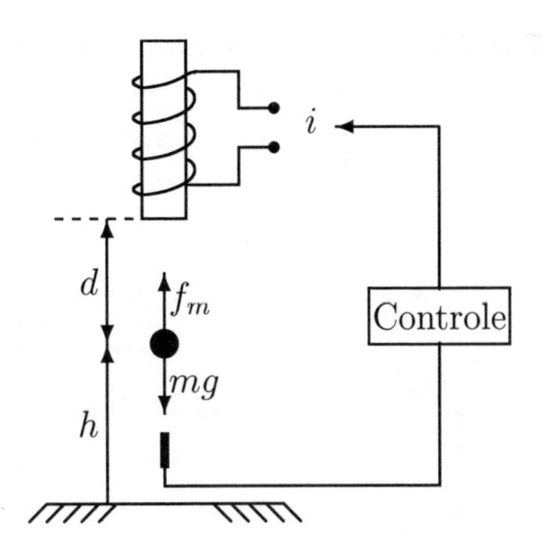

Figura 1.15: Levitação magnética de uma esfera

e que a equação dinâmica que rege o movimento da esfera é dada por

$$f_m - mg = m\frac{\mathrm{d}^2h}{\mathrm{d}t^2} = m\frac{\mathrm{d}^2\Delta h}{\mathrm{d}t^2} = k_i\Delta i + k_h\Delta h$$

que admite a representação por diagrama de blocos da figura 1.16. Mostrar ainda que este sistema tem polos em $\pm\sqrt{k_h/m}$ *e que para afastamento da ordem de* $1cm$*, estes polos estão situados em* $\pm 45s^{-1}$.

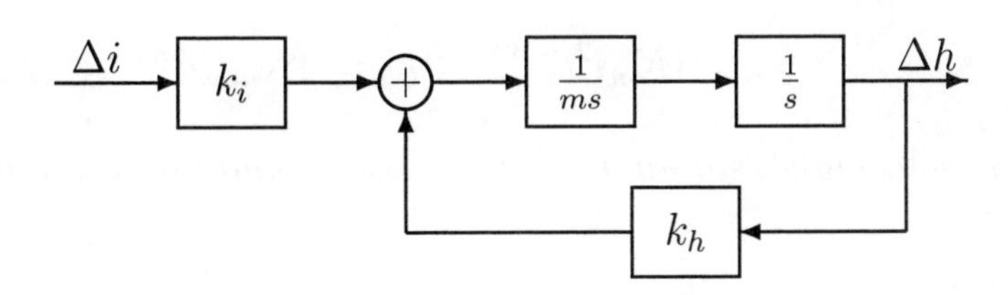

Figura 1.16: Levitação magnética: diagrama de blocos

Exercício 1.7.9 *Usualmente, os mancais magnéticos trabalham de forma diferencial, como ilustrado na figura 1.17. Este procedimento, além de melhorar a linearidade, garante forças iguais em ambos os sentidos. Maiores detalhes virão na seção 3.5.*

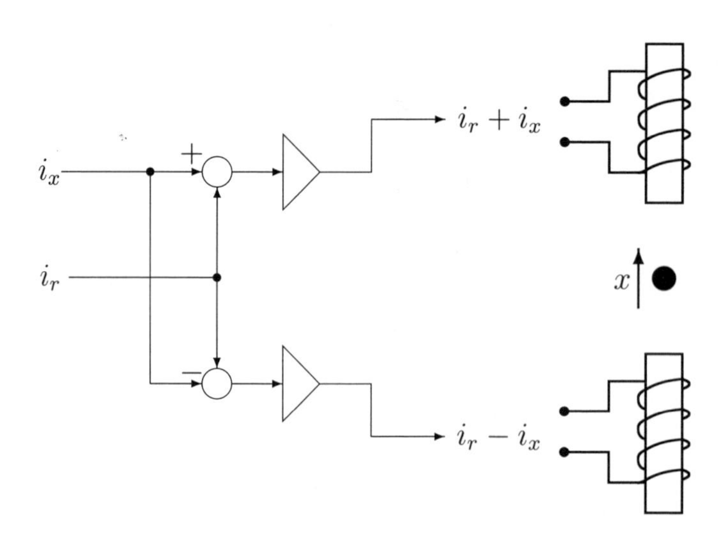

Figura 1.17: Levitação magnética com acionamento diferencial

Mostrar que agora os coeficientes k_i e k_h podem ser estabelecidos livremente e valem:

$$k_i = 4K_m i_r^2 d^{-3} \qquad k_h = 4K_m i_r d^{-2}$$

Dica: i_r não mais está amarrada ao peso, como no exercício anterior.

Referências Bibliográficas

[1] Farabaugh, C., Creecy, M., and Lillard, J. The bearing necessities. *Hydrocarbon Engineering* (august 2012), 25–28.

[2] Hull, J. R. Superconducting bearings. *Superconductor Science and Technology 13* (2000), 01–14.

[3] Moon, F. C. *Superconducting Levitation.* John Wiley & Sons, 1994.

[4] Schach, R., Jehle, P., and Naumann, R. *Transrapid und Rad-Schiene-Hochgeschwindigkeitsbahn.* Springer Verlag, 2006.

[5] Schweitzer, G., Maslen, E., Bleuler, H., Cole, M., Keogh, P., Larsonneur, R., Nordmann, R., and Ogada, Y. *Magnetic Bearings: Theory, Design and Applications to Rotating Machinery.* Springer-Verlag, 2009.

[6] Simon, M. D., Heflinger, L. O., and Gein, A. K. Diamagnetically stabilized magnet levitation. *Am. J. Phys. 69*, 6 (2001), 702–707.

[7] Sinha, P. K. *Electromagnetic Suspension.* IEE Control Engineering Series, 1987.

[8] Sotelo, G. G., Stephan, R. M., Branco, P. J. C., and de Andrade Jr, R. A didatic comparison of magnetic forces. *IJEEE (Intl. J. Electrical Engg. Education) 48* (2011), 117–129.

[9] Stephan, R. M., Machado, O. J., Forain, I., and de Andrade Jr, R. Experiências de levitação magnética. In *CBA 2002* (Natal, 2002), pp. 309–312.

[10] Takanashi, T., Matsuya, Y., Oktsuka, Y., and Nishikawa, M. Analysis of magnetic bearing using inductive levitation by relative motion between magnet and conductor. *Electrical Engg. in Japan 166*, 4 (2009), 80–87.

Capítulo 2

Dinâmica Mecânica

2.1 Introdução

O uso de mancais magnéticos implicitamente significa a suportação e guiagem de peças ou componentes de um mecanismo. Esse suporte pode se dar de forma linear, como no caso de guias lineares, ou de forma a permitir a rotação dos elementos suportados em torno de um eixo. Este livro concentra a sua atenção em princípios da levitação magnética que podem ser aplicados a ambos os casos. No entanto, grande parte das aplicações se dá para eixos girantes que aqui serão chamados genericamente de rotores.

A dinâmica da rotação, própria dos rotores, embora não seja conceitualmente diferente da dinâmica da translação, envolve o aparecimento de comportamentos não lineares, como por exemplo o efeito giroscópico[6], os quais muitas vezes fogem à intuição natural do engenheiro acostumado com as leis de Newton aplicadas apenas a partículas ou sistemas de partículas.

Este capítulo, além de uma pequena introdução aos mancais mecânicos de rotação e às cargas por eles suportadas em sistemas mecânicos, procura fazer uma breve revisão da dinâmica clássica enfatizando os aspectos relacionados à dinâmica de rotores. Alguns exemplos de rotores são ainda avaliados à luz de simulações computacionais. A correta compreensão da natureza das cargas mecânicas impostas ao sistema girante, e em última análise aos mancais, é fundamental para a avaliação das características dos sistemas de controle necessários para a manutenção da estabilidade dos mancais em sua versão magnética.

Os rotores podem ainda ser classificados como rígidos ou flexíveis. Este texto prende-se mais à dinâmica dos rotores rígidos, muito embora a sua suportação leve em consideração a rigidez dos mancais e portanto uma certa flexibilidade. A dinâmica de rotores flexíveis é ainda mais rica e complexa[3] e não será alvo de maiores detalhamentos no âmbito deste texto.

2.2 Mancais mecânicos

Os mancais mecânicos podem ser considerados[1] como mancais

- de deslizamento;
- de rolamento;
- aerostáticos.

Sua função principal consiste em exercer sobre o eixo ou rotor os esforços necessários para que ele possa executar seu movimento de rotação conforme esperado. A cinemática do movimento, especialmente para mancais muito rígidos, fica então determinada pelo movimento da base ou carcaça na qual os mancais estão fixos. Neste texto a carcaça será considerada fixa em um referencial inercial para facilitar a apresentação da dinâmica do rotor. Entretanto a derivação das equações pode ser feita para outros sistemas sem maiores problemas.

Mancais de deslizamento basicamente consistem de superfícies, em geral lubrificadas, que permitem a rotação do eixo. Dada a sua natureza, é intrínseca a existência de uma certa folga entre o eixo e o próprio mancal levando a uma mobilidade possível na direção transversal ao giro. A órbita do eixo é uma característica importante para a avaliação do estado de operação do mancal e da dinâmica do rotor. A rigidez destes mancais, exceto pela folga, pode ser bastante elevada. De acordo com o tipo de lubrificação encontrada, o mancal pode ser hidrostático ou hidrodinâmico [1]. A figura 2.1, adaptada de [7], mostra esquematicamente um mancal de deslizamento a partir de um catálogo comercial.

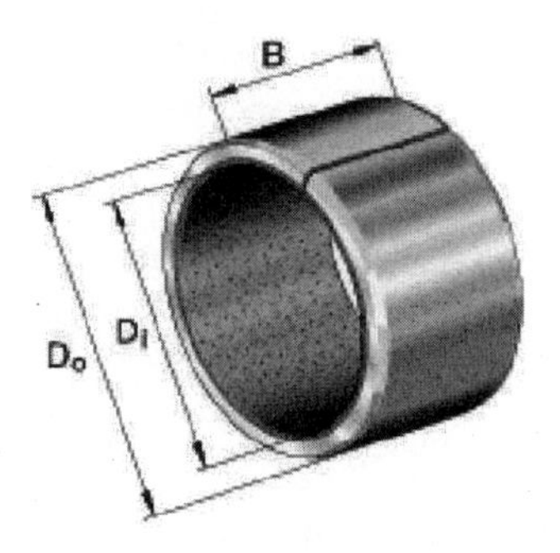

Figura 2.1: Mancal de deslizamento

Os mancais de rolamento consistem de uma pista interna, solidária ao eixo, e uma pista externa, solidária à carcaça, entre as quais se encontram elementos rolantes. Estes elementos rolantes podem assumir diferentes formas:

- esferas;
- rolos cilíndricos;
- rolos cônicos;

- agulhas;

porém sempre com a função de permitir o rolamento entre estes e as pistas. Deste modo se conseguem mancais com baixo atrito porém com diversas partes móveis submetidas a desgaste e maior inércia. Outro problema, em função das partes móveis, é uma maior limitação quanto ao seu uso em altas velocidades de rotação[2]. A figura 2.2, também adaptada de[7], mostra esquematicamente um mancal de rolamento a partir de um catálogo comercial.

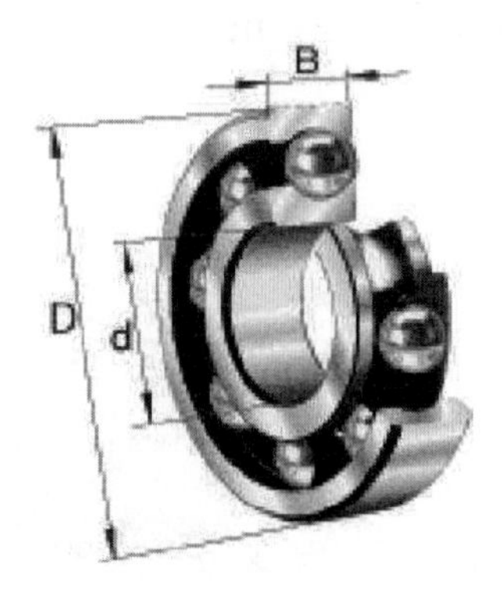

Figura 2.2: Mancal de rolamento de esferas

Os mancais aerostáticos são similares aos de deslizamento porém uma camada de ar é mantida sob pressão entre o mancal e o eixo para diminuir o atrito. A rigidez não é tão elevada.

Ainda com relação às suas funções, os mancais podem ser subdivididos em:

- radiais;
- axiais;
- combinados;

em função do tipo e direção das forças transmitidas por eles. A figura 2.3, adaptada de [7], ilustra alguns tipos de mancais quanto às cargas suportadas. O mancal cônico é um tipo de mancal combinado, permitindo a suportação de cargas axiais, somente em uma direção, e radiais simultaneamente.

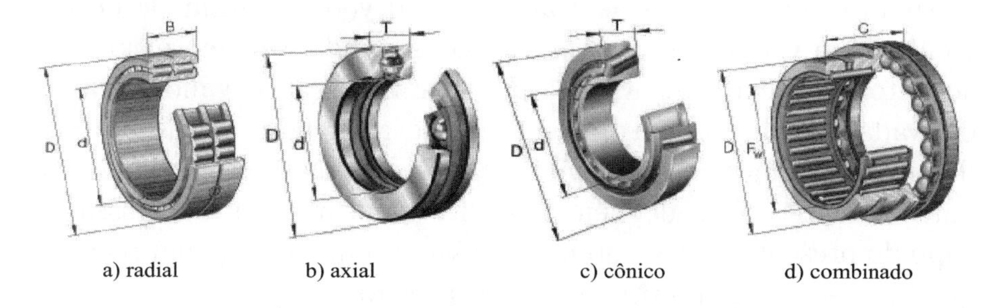

Figura 2.3: Mancais de diferentes tipos

2.3 Introdução à dinâmica de rotores rígidos

Para a determinação das equações de movimento de um rotor rígido faz-se necessário o entendimento das implicações da mecânica clássica, ou newtoniana, neste tipo de sistema. Esta tarefa pode ser realizada de diferentes maneiras. Esta seção dedica-se à apresentação, de forma resumida, dos seus principais efeitos. Para uma leitura mais aprofundada, a seção 2.5 detalha os seus conceitos e sua aplicação de maneira mais formal. O leitor pode decidir se o aqui exposto atende à explanação desejada, ou se, ao invés, prefere ler a referida seção para uma visão mais profunda.

O estudo da dinâmica de rotores tem como princípio físico básico a chamada Dinâmica Newtoniana, a qual é expressa fundamentalmente através da conhecida equação:

$$^{R}\frac{\mathrm{d}}{\mathrm{d}t}(m\boldsymbol{v}) = \boldsymbol{F}, \tag{2.1}$$

na qual m representa a massa da partícula e $\boldsymbol{v}$ o vetor[1] velocidade da mesma. O produto destas grandezas é o vetor quantidade de movimento, cuja variação temporal é então, segundo Newton, proporcional ao vetor que expressa a força $\boldsymbol{F}$. Esta relação é válida quando a derivada é realizada em um sistema de referência, R, usado para a descrição cinemática do movimento, dito inercial. A discussão sobre quais características definem um referencial inercial ultrapassa o escopo do presente texto, porém pode ser resumida como um referencial que não esteja, ele próprio, sofrendo aceleração.

A aplicação da equação (2.1), apesar de simples, para um conjunto de partículas constituindo um corpo rígido, resulta em comportamentos muitas vezes inesperados para o engenheiro menos experiente. Especialmente as considerações sobre a derivação dos vetores em diferentes referenciais, e o papel desempenhado nesta tarefa pelo vetor velocidade angular, estão descritos de forma mais detalhada na seção 2.5. De maneira resumida, pode-se considerar que além da expressão de forças existe uma contrapartida da equação (2.1) referente à mudança de orientação, ou seja, à rotação do corpo rígido. Isto nos leva à equação de movimento relacionada à rotação expressa por:

$$^{R}\frac{\mathrm{d}}{\mathrm{d}t}\,^{R}\boldsymbol{H}^{C/O} = \boldsymbol{M}^{O}_{\mathrm{ext}} \tag{2.2}$$

Nesta equação, o momento das forças externas e torques aplicados ao corpo é expresso por $\boldsymbol{M}^{O}_{\mathrm{ext}}$. Para validade deste modelo, o ponto O, escolhido como referência para o cálculo dos momentos aplicados

[1]Ao longo do texto deste livro, vetores serão representados em negrito, e não com a flechinha em cima...

pelas forças ao corpo, deve ser o próprio centro de massa do corpo, ou então um ponto fixo no referencial inercial. A contrapartida rotacional para a quantidade de movimento (linear) ${}^R\boldsymbol{G}^{CM} = m\boldsymbol{v}^{CM}$ é expressa por ${}^R\boldsymbol{H}^{C/O}$ e denominada **Quantidade de Movimento Angular** ou simplesmente **Momento Angular**. O cálculo deste Momento Angular envolve a multiplicação escalar de uma inércia de rotação pelo vetor velocidade angular, ${}^R\omega^C$, do corpo.

$$ {}^R\boldsymbol{H}^{C/O} = \vec{\boldsymbol{I}}^{C/O}.{}^R\omega^C \tag{2.3} $$

A inércia de rotação $\vec{\boldsymbol{I}}^{C/O}$ é representada por um tensor, positivo definido, como resultado da suposição de rigidez do corpo. Temos então, com a representação na equação a seguir,

$$ {}^R\vec{\boldsymbol{I}}^{C/O} = \begin{bmatrix} I_{11} & I_{12} & I_{13} \\ I_{12} & I_{22} & I_{23} \\ I_{13} & I_{23} & I_{33} \end{bmatrix} \tag{2.4} $$

explícito o caráter simétrico do tensor. É importante ressaltar que existe uma dependência:

- da geometria do corpo;
- da sua distribuição de massa;
- do sistema de referência utilizado para expressar o tensor, no caso sistema R;
- do ponto de referência O escolhido.

Com a escolha comum de referenciais inerciais, R, e fixos ao corpo, C, temos a equação

$$ {}^R\frac{\mathrm{d}}{\mathrm{d}t}{}^R\boldsymbol{H}^{C/O} = {}^R\frac{\mathrm{d}}{\mathrm{d}t}\left(\vec{\boldsymbol{I}}^{C/O}.{}^R\omega^C\right) = \vec{\boldsymbol{I}}^{C/O}.{}^R\alpha^C + {}^R\omega^C \times \vec{\boldsymbol{I}}^{C/O}.{}^R\omega^C \tag{2.5} $$

onde a derivada do vetor velocidade angular, chamada aceleração angular, é representada por ${}^R\alpha^C$. Sendo ${}^R\boldsymbol{a}^C$ a aceleração linear, as equações de movimento do corpo, relativas à sua dinâmica de translação e de rotação quando considerado o ponto O como sendo o seu centro de massa, ou alternativamente um ponto fixo, ficam:

$$\vec{\boldsymbol{I}}^{C/O}.{}^R\alpha^C + {}^R\omega^C \times \vec{\boldsymbol{I}}^{C/O}.{}^R\omega^C = \boldsymbol{M}^O_{\text{ext}} \tag{2.6}$$

$$m{}^R\boldsymbol{a}^C = \boldsymbol{F}_{\text{ext}} \tag{2.7}$$

as quais constituem um sistema equações diferenciais de movimento a serem resolvidas simultaneamente para que se conheça o comportamento dinâmico do rotor.

A presença dos mancais é necessária para que a movimentação do rotor obedeça à cinemática desejada, basicamente que o eixo de rotação mantenha sua orientação em relação à máquina ou equipamento de que faz parte, na presença das forças de perturbação em função do próprio funcionamento.

Seja de que natureza for, mecânica (rolamento ou deslizamento), aerostática ou magnética, o mancal irá contribuir, em maior ou menor grau, com o aparecimento de uma flexibilidade na suportação do rotor e, consequentemente, com uma certa possibilidade de o rotor alterar a direção de seu eixo de rotação mesmo em equipamentos estacionários. Deste modo, mesmo que se mantenha a velocidade de rotação do rotor inalterada, se faz necessária a imposição de um momento ao rotor para permitir a alteração de sua direção de rotação. Este momento será originado das reações, forças, nos mancais. A figura 2.4 ilustra o modelo simplificado de rotor rígido, com suportes flexíveis, estudado aqui.

As implicações das equações de movimento no aparecimento de esforços nos mancais são discutidas mais detalhadamente na seção 2.5.

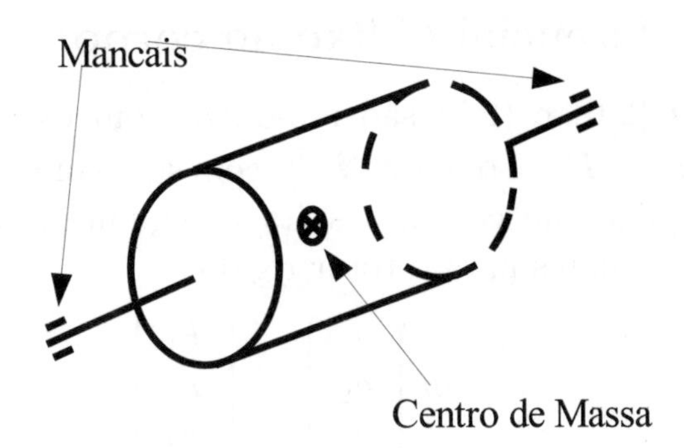

Figura 2.4: Modelo de rotor rígido com mancais

2.4 Aplicação ao Protótipo da UFRJ

Para estudar o aparecimento e a natureza dos esforços nos mancais, as componentes das equações diferenciais, vetoriais, (2.6) e (2.7) da página 36 são detalhadas e analisadas em um sistema de referência fixo no rotor, girando juntamente com ele. Neste sistema utilizado, o tensor de inércia do corpo apresenta termos constantes uma vez que o rotor é considerado rígido. Além disto, o ponto O, para cálculo dos momentos e do tensor de inércia, é o próprio centro de massa do rotor.

Tomando-se então um equipamento estacionário, ou seja, com sua carcaça estacionária, na qual estão fixos os mancais, considera-se o uso de dois sistemas de referência:

1. C, fixo em relação ao rotor e portanto girando com a mesma velocidade deste e com componentes expressas como 1, 2, 3 e

2. R, inercial e fixo em relação à carcaça estacionária, com componentes expressas como x, y e z.

2.4.1 Referencial C fixo ao corpo

As equações (2.6) e (2.7) são reescritas com os vetores ${}^{R}\alpha^{C}$, ${}^{R}\omega^{C}$, M_{ext}^{CM}, ^{R}, ${}^{R}\boldsymbol{a}^{CM}$, $\boldsymbol{F}_{ext}$ e o tensor $\vec{\boldsymbol{I}}^{C/O}$ com suas componentes projetadas nos eixos C fixos ao corpo; resulta o seguinte sistema de equações diferenciais escalares para o rotor rígido:

$$m\begin{bmatrix} a_1 \\ a_2 \\ a_3 \end{bmatrix} = \begin{bmatrix} F_1 \\ F_2 \\ F_3 \end{bmatrix} \tag{2.8}$$

$$\begin{bmatrix} I_{11}\alpha_1 + I_{12}\alpha_2 + I_{13}\alpha_3 \\ I_{12}\alpha_1 + I_{22}\alpha_2 + I_{23}\alpha_3 \\ I_{13}\alpha_1 + I_{23}\alpha_2 + I_{33}\alpha_3 \end{bmatrix} + \begin{bmatrix} (I_{13}\omega_1 + I_{23}\omega_2 + I_{33}\omega_3)\omega_2 \\ (I_{11}\omega_1 + I_{12}\omega_2 + I_{13}\omega_3)\omega_3 \\ (I_{12}\omega_1 + I_{22}\omega_2 + I_{23}\omega_3)\omega_1 \end{bmatrix} - \cdots$$

$$- \begin{bmatrix} (I_{12}\omega_1 + I_{22}\omega_2 + I_{23}\omega_3)\omega_3 \\ (I_{13}\omega_1 + I_{23}\omega_2 + I_{33}\omega_3)\omega_1 \\ (I_{11}\omega_1 + I_{12}\omega_2 + I_{13}\omega_3)\omega_2 \end{bmatrix} = \begin{bmatrix} M_1 \\ M_2 \\ M_3 \end{bmatrix}, \tag{2.9}$$

nas quais os índices relativos ao referencial, corpo, centro de massa, etc., foram omitidos por brevidade. Estas equações (2.8) e (2.9) são conhecidas como equações de **Newton-Euler.**

As componentes I_{ij} do tensor podem ser simplificadas se as direções coordenadas do sistema de referência fixo ao corpo forem tais que os termos cruzados I_{12}, I_{13} e I_{23} se anulem. Isto é possível, geometricamente, a partir de simetrias no rotor em relação ao seu eixo de rotação. O tensor assume uma forma mais simples fazendo com que (2.8) e (2.9) se reduzam a:

$$m\begin{bmatrix} a_1 \\ a_2 \\ a_3 \end{bmatrix} = \begin{bmatrix} F_1 \\ F_2 \\ F_3 \end{bmatrix} \tag{2.10}$$

$$\begin{bmatrix} I_{11}\alpha_1 \\ I_{22}\alpha_2 \\ I_{33}\alpha_3 \end{bmatrix} + \begin{bmatrix} (I_{33} - I_{22})\omega_3\omega_2 \\ (I_{11} - I_{33})\omega_1\omega_3 \\ (I_{22} - I_{11})\omega_2\omega_1 \end{bmatrix} = \begin{bmatrix} M_1 \\ M_2 \\ M_3 \end{bmatrix} \tag{2.11}$$

Apesar de mais simples, ainda se nota o caráter não linear destas equações pelas multiplicações das componentes da velocidade angular. Mesmo se descrita neste sistema através de equações mais simplificadas, a complexidade do movimento continua presente.

2.4.2 Referencial R fixo à carcaça

O comportamento dinâmico de um corpo rígido em rotação foi determinado de forma aplicável a qualquer sistema de referência girante. No entanto, a escolha de um sistema de coordenadas fixo ao referencial inercial se mostra interessante. O sistema de controle necessário para a implementação dos mancais magnéticos será fixo neste referencial e terá componentes de força em direções preferenciais também fixas. A discussão da implementação deste controle será feita nos próximos capítulos.

Se ainda a modelagem é feita para um rotor, essencialmente simétrico em torno de seu eixo de rotação, de modo a que este seja também um eixo principal de inércia, podemos projetar as equações vetoriais em uma representação neste sistema fixo. Eventuais desbalanceamentos são modelados separadamente como forças de distúrbios causadas pelas massas desbalanceadas em aceleração.

Do mesmo modo, para diferenciar um sistema do outro, as componentes dos vetores projetados em R são identificadas por xyz. As equações de movimento escritas com os vetores agora projetados no sistema R, ficam:

$$m \begin{bmatrix} a_x \\ a_y \\ a_z \end{bmatrix} = \begin{bmatrix} F_x \\ F_y \\ F_z \end{bmatrix} \tag{2.12}$$

$$\begin{bmatrix} I_{xx}\alpha_x + I_{xy}\alpha_y + I_{xz}\alpha_z \\ I_{xy}\alpha_x + I_{yy}\alpha_y + I_{yz}\alpha_z \\ I_{xz}\alpha_x + I_{yz}\alpha_y + I_{zz}\alpha_z \end{bmatrix} + \begin{bmatrix} (I_{xz}\omega_x + I_{yz}\omega_y + I_{zz}\omega_z)\omega_y \\ (I_{xx}\omega_x + I_{xy}\omega_y + I_{xz}\omega_z)\omega_z \\ (I_{xy}\omega_x + I_{yy}\omega_y + I_{yz}\omega_z)\omega_x \end{bmatrix} - \cdots$$

$$-\begin{bmatrix} (I_{xy}\omega_x + I_{yy}\omega_y + I_{yz}\omega_z)\omega_z \\ (I_{xz}\omega_x + I_{yz}\omega_y + I_{zz}\omega_z)\omega_x \\ (I_{xx}\omega_x + I_{xy}\omega_y + I_{xz}\omega_z)\omega_y \end{bmatrix} = \begin{bmatrix} M_x \\ M_y \\ M_z \end{bmatrix} \tag{2.13}$$

nas quais as três primeiras equações são relativas ao movimento do centro massa enquanto as três últimas se relacionam à rotação genérica do sistema.

2.4.3 Modelo simplificado

Nos últimos anos, a COPPE/UFRJ vem desenvolvendo um protótipo de rotor vertical magneticamente posicionado. A figura 2.5 mostra uma foto e um diagrama esquemático de um corte vertical desse protótipo. Na configuração estudada neste livro, o rotor é posicionado radialmente por um mancal magnético localizado acima de seu centro de massa, ao passo que na sua parte inferior há um mancal mecânico provendo forças radiais e axiais, ou seja, funcionando como uma articulação.

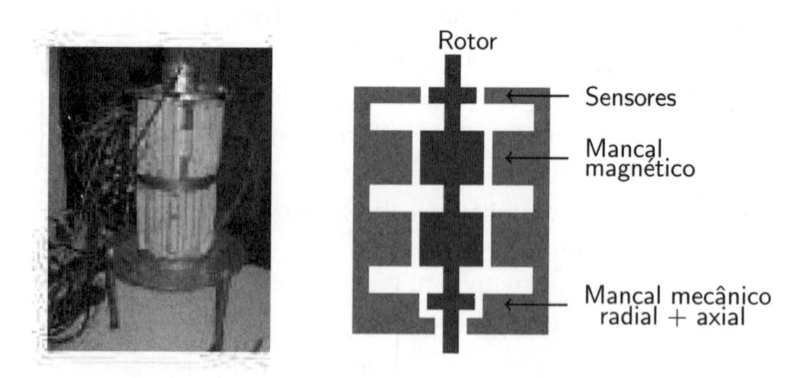

Figura 2.5: Protótipo do rotor: foto e diagrama esquemático de um corte vertical, indicando a carcaça externa, o rotor e os principais dispositivos.

Mais detalhes serão apresentados na seção 3.6. Um diagrama simplificado pode ser visto na figura 2.6 a seguir. Na configuração analisada neste livro, o dispositivo superior, cota b, atua como mancal magnético. Um mancal mecânico, autocompensador, foi colocado na cota inferior c. Este mancal funciona como calço, para equilibrar o peso do rotor, sendo considerado uma articulação ideal. Os sensores de posição estão na cota d.

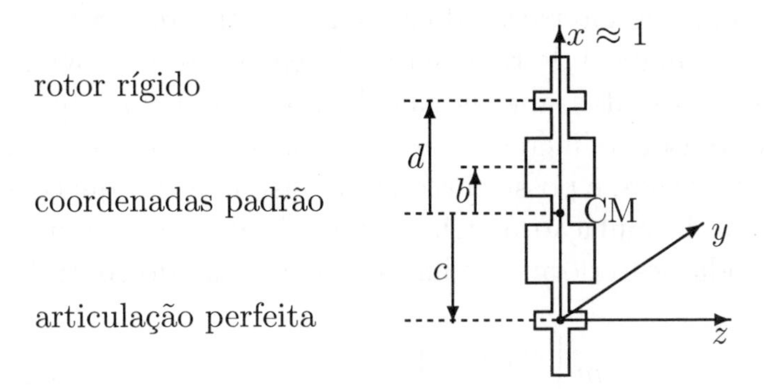

Figura 2.6: Diagrama esquemático do rotor

Considere-se o eixo de simetria e de rotação do rotor como o eixo 1 do sistema de referências C. O ângulo formado entre este e o eixo x do sistema R será sempre pequeno, fato indicado pela legenda $x \approx 1$ no gráfico, bem como será impedida a translação do rotor na própria direção x. Como outra consequência desta forma construtiva, as componentes das velocidades angulares nas direções z e y são sempre pequenas, especialmente quando comparadas à velocidade de rotação do rotor em torno de seu próprio eixo. Também é considerado que a velocidade de rotação do rotor em torno de seu eixo de simetria é constante e com valor predeterminado, logo a aceleração angular α_x é nula. Reunindo estas considerações chega-se a:

$$a_x = 0 \qquad \text{e} \qquad \alpha_x = 0$$

$\omega_x = \omega_1 =$ velocidade de rotação do rotor em torno de seu eixo

$$\omega_y \ll \omega_x \qquad \text{e} \qquad \omega_z \ll \omega_x$$

que permitem simplificar as equações de movimento pela eliminação dos termos que envolvam os produtos $\omega_y \omega_z$, além de se aproximar as projeções dos eixos coordenados. Com a fixação do rotor no mancal de rolamento inferior, vem ainda a condição de movimento com um ponto fixo, o próprio ponto de interseção do eixo de simetria do rotor com o plano definido pelo mancal de rolamento. As equações de movimento podem então ser reescritas apenas calculando-se os momentos e as componentes do tensor de inércia agora em relação a este ponto fixo. Com estas aproximações, é possível reduzir os sistemas de equações de movimento a uma formulação matricial, linearizada, mais simples, a qual será explorada posteriormente na implementação do controle

$$m \begin{bmatrix} a_y \\ a_z \end{bmatrix} = \begin{bmatrix} F_y \\ F_z \end{bmatrix} \tag{2.14}$$

$$\begin{bmatrix} I_{yy}\alpha_y \\ I_{zz}\alpha_z \end{bmatrix} + \omega_x \begin{bmatrix} (I_{xx} - I_{zz})\omega_z \\ (I_{yy} - I_{xx})\omega_y \end{bmatrix} = \begin{bmatrix} M_y \\ M_z \end{bmatrix} \tag{2.15}$$

em que se percebe a presença de termos cruzados entre as componentes das velocidades e acelerações angulares. Estes termos representam o efeito giroscópico ainda presente no sistema linearizado. Observa-se a dependência deste efeito com o valor da velocidade de rotação do rotor em torno de seu próprio eixo, w_x. Quanto maior esta velocidade maior o efeito causado por este termo no comportamento dinâmico do rotor.

Os momentos externos, M_y e M_z, aplicados ao rotor e calculados em relação ao ponto fixo são provenientes da multiplicação das atuações magnéticas de controle pelos respectivos braços de alavanca, ou seja, dependem também da geometria do conjunto. Caso haja outros momentos externos atuando sobre o rotor, como por exemplo os causados por um desbalanceamento dinâmico, estes devem ser acrescentados também.

2.5 Dinâmica de rotores rígidos

Esta seção tem por objetivo um estudo mais detalhado da dinâmica newtoniana e suas consequências específicas para o comportamento de rotores rígidos. De certa forma é uma repetição mais esmiuçada do exposto anteriormente na seção 2.3, de modo a servir como explicação auto-contida para o leitor que deseje se aprofundar mais no assunto.

A dinâmica newtoniana tem como princípio fundamental o de que a modificação no estado de movimento de uma partícula é proporcional à força exercida sobre esta. Matematicamente este modelo pode ser expresso[6, 4] pela equação (2.1), aqui repetida por conveniência,

$$^{R}\frac{\mathrm{d}}{\mathrm{d}t}(m\boldsymbol{v}) = \boldsymbol{F} \tag{2.16}$$

em que m representa a massa e $\boldsymbol{v}$ o vetor velocidade da partícula. O produto destas grandezas é o vetor quantidade de movimento. Sua variação temporal, expressa pela derivada na equação (2.16) é então proporcional à força, também expressa por um vetor, $\boldsymbol{F}$. Este princípio, no entanto, somente é válido quando a derivação do vetor velocidade é feita em uma referência dita inercial.

A discussão sobre as características que levam um sistema de referência a poder ser considerado inercial, e mesmo a real existência de um tal sistema, se estenderiam além do escopo deste texto. Para nossos propósitos basta considerar que a velocidade do corpo e a sua derivada são tomadas em um referencial que não se encontra acelerado. Formalmente podemos admitir que (2.16) é válida quando os resultados por ela preditos são suficientemente próximos do comportamento observado experimentalmente. A indicação do referencial no qual a velocidade e a derivação são feitas será observada em nossa notação, quando necessário, pela aposição de um índice sobrescrito ao vetor. Isto é exemplificado por R em ${}^{R}\boldsymbol{v}$ indicando que a velocidade é calculada no referencial R.

A extensão deste modelo para a análise do movimento de corpos, rígidos ou não, envolve as contribuições de Euler para a mecânica newtoniana. Para o estudo da dinâmica da rotação torna-se então necessário calcular os momentos dos vetores na equação (2.16) tomados em relação a um ponto qualquer especificado. Estes momentos são obtidos multiplicando vetorialmente, pela esquerda, a equação básica (2.16) pelo vetor posição relativa entre a posição da partícula K considerada e um ponto O especificado, $\boldsymbol{p}^{K/O}$. A figura 2.7 esquematiza os vetores considerados.

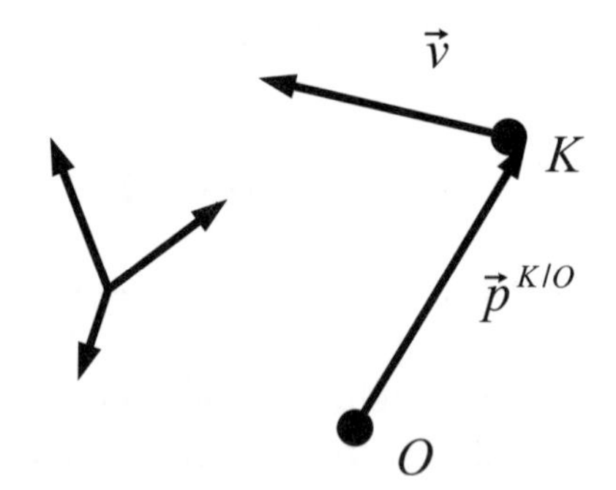

Figura 2.7: Momento de um vetor $\boldsymbol{v}$ com relação a um ponto O

Deste modo a equação (2.16) fica:

$$\boldsymbol{p}^{K/O} \times {}^{R}\frac{\mathrm{d}}{\mathrm{d}t}(m\boldsymbol{v}) = \boldsymbol{p}^{K/O} \times \boldsymbol{F} \tag{2.17}$$

Para a análise de um rotor é preciso considerar a aplicação das equações de movimento (2.16) e (2.17) a elementos infinitesimais de massa compondo o corpo sob análise, resultando então em

$$\int_C {}^R\frac{\mathrm{d}}{\mathrm{d}t}\left({}^R\boldsymbol{v}\right)\,\mathrm{d}m = \int_C \mathrm{d}\boldsymbol{F} \tag{2.18}$$

e

$${}^R\frac{\mathrm{d}}{\mathrm{d}t}\int_C \boldsymbol{p}^{m/O} \times {}^R\boldsymbol{v}\,\mathrm{d}m = \int_C \boldsymbol{p}^{m/O} \times \mathrm{d}\boldsymbol{F} \tag{2.19}$$

onde a integração é feita sobre o volume do corpo C do rotor em questão. Cada elemento de massa $\mathrm{d}m$ se encontra na posição $\boldsymbol{p}^{m/O}$ em relação ao ponto O e possui sua própria velocidade ${}^R\boldsymbol{v}$ no referencial R, usado também para a derivação da quantidade de movimento. As forças atuantes sobre cada elemento de massa, $\mathrm{d}\boldsymbol{F}$, são também integradas para compor a ação das forças sobre o corpo em questão. Estas forças incluem ações a distância de campos como o gravitacional, elétrico, magnético, etc., e também forças de contato, especialmente na superfície do corpo. Consideradas entretanto em (2.17) estão **todas** as forças atuantes sobre os elementos de massa. As forças internas, entre cada elemento e seus adjacentes tem que ser consideradas nesta integração.

Felizmente os princípios da dinâmica newtoniana, de forças de ação e reação, permitem mostrar que a integral do lado direito em (2.18) se resolve para o somatório das forças externas exercidas sobre o corpo. Isto significa que as forças internas, exercidas entre os próprios elementos de massa por eles mesmos, se cancelam. Já a integral do lado esquerdo de (2.18) se resolve para uma ponderação sobre a distribuição de massa do corpo que se exprime matematicamente por

$$m\,{}^R\frac{\mathrm{d}}{\mathrm{d}t}\boldsymbol{v}^{CM} = \boldsymbol{F}_{\text{ext}} \tag{2.20}$$

sendo m a massa total do corpo e a derivada da velocidade representa a aceleração de um ponto específico do corpo denominado centro de massa. A posição deste ponto, do centro de massa, é obtida pela média ponderada das posições de cada elemento de massa $\mathrm{d}m$, sendo o peso desta ponderação a própria distribuição de massa. As sucessivas derivações no tempo desta posição, no referencial R considerado, correspondem à velocidade e aceleração do centro de massa, ${}^{R}\boldsymbol{v}^{CM}$ e ${}^{R}\boldsymbol{a}^{CM}$ respectivamente. Alternativamente pode se escrever o lado esquerdo de (2.19) como a derivada da **Quantidade de Movimento do Centro de Massa** representada por ${}^{R}\boldsymbol{G}^{CM} = m^{R}\boldsymbol{v}^{CM}$. A equação (2.20) permite a simulação e o estudo do movimento do corpo, entretanto, somente traz informação a respeito da translação.

Para estudo da dinâmica da rotação, será feita ainda a suposição de que o rotor, o corpo C, possa ser considerado rígido. Deste modo considerações cinemáticas permitem que a velocidade de um ponto qualquer do corpo possa ser expressa em função da velocidade conhecida de um ponto do corpo. A aplicação destes conceitos a (2.19), em analogia a (2.18), cuja exposição passo a passo seria muito extensa para este texto, nos leva à equação de movimento relacionada à rotação expressa por

$$ {}^{R}\frac{\mathrm{d}}{\mathrm{d}t} {}^{R}\boldsymbol{H}^{C/O} = \boldsymbol{M}^{O}_{\text{ext}} \tag{2.21} $$

onde o momento das forças externas e torques aplicados ao corpo é expresso por $\boldsymbol{M}^{O}_{\text{ext}}$. Do mesmo modo que em (2.18) os esforços internos se anulam. A contrapartida rotacional para a quantidade de movimento ${}^{R}\boldsymbol{G}^{CM}$ é expressa por ${}^{R}\boldsymbol{H}^{C/O}$, denominada **Quantidade de Movimento Angular** ou simplesmente **Momento Angular**[6]. O cálculo deste Momento Angular se apresenta mais complexo do que a simples multiplicação de uma inércia, ou seja, massa, pela velocidade do centro de massa. Em função das integrais em (2.19), juntamente com a suposição de rigidez do rotor temos então

$$ {}^{R}\boldsymbol{H}^{C/O} = \vec{\boldsymbol{I}}^{C/O} . {}^{R}\omega^{C} \tag{2.22} $$

na qual o vetor Momento Angular é calculado, analogamente, como o produto escalar entre uma inércia $\vec{\boldsymbol{I}}^{C/O}$ e o vetor velocidade angular do corpo ${}^{R}\omega^{C}$ em relação ao referencial R [4]. Diferentemente da inércia escalar, representada pela massa m no caso da dinâmica da translação, a riqueza e complexidade de comportamentos da dinâmica da rotação é, em grande parte, função da inércia de rotação ser representada por um tensor, positivo definido, como resultado das integrais em (2.19). Os termos do tensor são calculados de acordo com a equação

$$ {}^{R}\vec{\boldsymbol{I}}^{C/O} = \int_C \begin{bmatrix} p_2^2 + p_3^2 & -p_1p_2 & -p_1p_3 \\ -p_2p_1 & p_1^2 + p_3^2 & -p_2p_3 \\ -p_3p_1 & -p_3p_2 & p_1^2 + p_2^2 \end{bmatrix} \mathrm{d}m \tag{2.23} $$

onde p_1, p_2 e p_3 são as componentes do vetor $\boldsymbol{p}^{m/O}$ em três direções coordenadas ortogonais. Fica também explícito o caráter simétrico do tensor. É importante ressaltar que, representados na notação, existe uma dependência:

- da geometria do corpo, segundo as integrações;
- da sua distribuição de massa;
- do sistema de referência utilizado para expressar o vetor $\boldsymbol{p}^{m/O}$, no caso sistema R;
- do ponto de referência O escolhido.

A derivação em (2.21) assume expressões mais simples se

◇ o ponto O for um ponto fixo, portanto

$$ {}^{R}\frac{\mathrm{d}}{\mathrm{d}t}\boldsymbol{p}^{O} = {}^{R}\boldsymbol{v}^{O} = 0 \implies {}^{R}\frac{\mathrm{d}}{\mathrm{d}t}\boldsymbol{p}^{m/O} = {}^{R}\boldsymbol{v}^{m} - {}^{R}\boldsymbol{v}^{O} = {}^{R}\boldsymbol{v}^{m} $$

◇ ou o ponto O escolhido for o centro de massa CM do corpo.

Esta derivada, entretanto, deve ser calculada no referencial inercial R, onde, devido ao movimento geral do corpo, o tensor de inércia não será constante, devendo também ser diferenciado no tempo. Por outro lado, o fato de o corpo ser tomado como rígido faz com que a expressão para o tensor de inércia, em um sistema de referência A, fixo ao corpo seja expresso por termos constantes. Se também for observado que as derivadas de um vetor $\boldsymbol{u}$ (ou de um tensor) em diferentes sistemas de referência são relacionadas entre si pelo vetor velocidade angular de um sistema em relação ao outro, segundo a equação

$$^{R}\frac{\mathrm{d}}{\mathrm{d}t}\boldsymbol{u} = {}^{A}\frac{\mathrm{d}}{\mathrm{d}t}\boldsymbol{u} + {}^{R}\omega^{A} \times \boldsymbol{u} \tag{2.24}$$

tem-se que

$$^{R}\frac{\mathrm{d}}{\mathrm{d}t}{}^{R}\boldsymbol{H}^{C/O} = {}^{R}\frac{\mathrm{d}}{\mathrm{d}t}\left(\vec{\boldsymbol{I}}^{C/O}.{}^{R}\omega^{C}\right) = \vec{\boldsymbol{I}}^{C/O}.{}^{R}\alpha^{C} + {}^{R}\omega^{C} \times \vec{\boldsymbol{I}}^{C/O}.{}^{R}\omega^{C} \tag{2.25}$$

onde a derivada do vetor velocidade angular, chamada aceleração angular, é representada por $^{R}\alpha^{C}$. Na equação (2.25) considerou-se a aplicação de (2.24) sendo o tensor de inércia $\vec{\boldsymbol{I}}^{C/O}$ expresso no sistema de referência do próprio corpo, C, e portanto constante neste sistema, $^{C}(\mathrm{d}/\mathrm{d}t)\vec{\boldsymbol{I}}^{C/O} = 0$, e ainda tomado em relação ao ponto O. A equação de movimento do corpo, relativa à sua dinâmica de rotação quando consideramos o ponto O como sendo o seu centro de massa, ou alternativamente um ponto fixo, fica

$$\vec{\boldsymbol{I}}^{C/O}.{}^{R}\alpha^{C} + {}^{R}\omega^{C} \times \vec{\boldsymbol{I}}^{C/O}.{}^{R}\omega^{C} = \boldsymbol{M}^{O}_{\mathrm{ext}} \tag{2.26}$$

a qual juntamente com a equação (2.20) constituem as equações diferenciais de movimento a serem resolvidas simultaneamente para que se conheça o comportamento dinâmico do rotor.

Na ausência de momentos externos, a equação (2.21) garante que o Momento Angular se manterá constante, tanto em módulo quanto em direção. Caso os momentos externos não sejam nulos, o comportamento do corpo será regido por ambos os efeitos, forças referentes à translação do centro de massa e momentos referentes à dinâmica da rotação. A presença dos mancais é necessária para que a movimentação do rotor obedeça à cinemática desejada, basicamente que o eixo de rotação mantenha sua orientação em relação à máquina ou equipamento de que faz parte, na presença das forças de perturbação em função do próprio funcionamento.

Seja de que natureza for, mecânica (rolamento ou deslizamento), magnética ou aerostática, o mancal contribuirá, em maior ou menor grau, com o aparecimento de uma flexibilidade na suportação do rotor e, consequentemente, com uma certa possibilidade de o rotor alterar a direção de seu eixo de rotação mesmo em equipamentos estacionários. Em rotores de equipamentos móveis, como por exemplo uma turbina de aeronave, independentemente da flexibilidade nos mancais, a direção do eixo de rotação será modificada em função da cinemática do movimento em si. Deste modo, mesmo que se mantenha a velocidade de rotação do rotor inalterada, se faz necessária a imposição de momento ao eixo, momento esse que será originado das reações, forças, nos mancais.

A figura (2.4) da seção anterior, e a seguir repetida, na página 50, ilustra o modelo simplificado de rotor rígido, com suportes flexíveis, estudado aqui.

As implicações, especialmente da equação (2.26) no movimento e no aparecimento de esforços nos mancais são discutidas a seguir.

2.6 Carregamento mecânico nos mancais

Para estudar o aparecimento e a natureza dos esforços nos mancais é preciso atenção mais detalhada às componentes das equações diferenciais vetoriais (2.20) e (2.26). Este estudo é fundamental para se

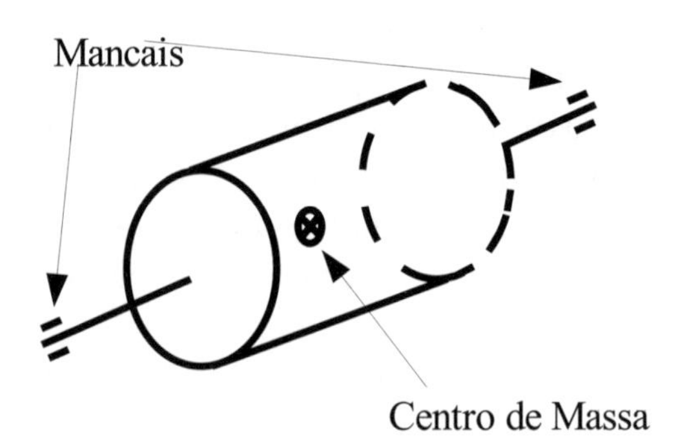

Figura 2.8: Modelo de rotor rígido com mancais

entender os diferentes tipos de carregamento nos mancais, tanto do ponto de vista de sua magnitude quanto de sua posição espacial em relação à carcaça do rotor (estator):

- cargas síncronas;
- cargas assíncronas;
- cargas espacialmente fixas;
- cargas aleatórias.

Considerações sobre a disposição espacial das cargas serão fundamentais para a modelagem da entrada de distúrbios nos sistemas de controle, normalmente necessária para a estabilização de um mancal magnético, tratados posteriormente neste texto.

As componentes das equações diferenciais serão agora escritas e analisadas em um sistema de referência fixo no rotor, e portanto girando com ele. Este é o mesmo sistema utilizado para expressar o tensor de inércia em termos constantes uma vez que o rotor é considerado rígido. Além disto, o ponto O será escolhido, para cálculo dos momentos e do tensor de inércia, como sendo o centro de massa do rotor. É importante notar que (2.20) e (2.26) foram estabelecidas para um referencial inercial, e descrevem relações entre vetores que representam grandezas físicas concretas. Estes vetores podem, matematicamente, ser projetados em qualquer outro sistema de referência, inercial ou não. O fundamental é que as derivações na obtenção das equações tenham sido feitas no referencial inercial. O sistema no qual os vetores serão posteriormente expressos (projetados) é indiferente. Considerando um equipamento com carcaça estacionária, onde estão fixos os mancais, há dois sistemas de referência naturais:

1. R, inercial e fixo em relação à carcaça estacionária;

2. C, fixo em relação ao rotor e girando com a velocidade angular deste.

Para diferenciar os sistemas, as componentes dos vetores projetados em R serão chamadas de x, y e z, e as projeções em C serão 1, 2 e 3. Escrever (2.20) e (2.26) e os vetores ${}^{R}\alpha^{C}$, ${}^{R}\omega^{C}$, $\boldsymbol{M}_{\text{ext}}^{CM}$, ${}^{R}\alpha^{CM}$, ${}^{R}\boldsymbol{v}^{CM}$, $\boldsymbol{F}_{\text{ext}}$ e o tensor $\vec{\boldsymbol{I}}^{C/CM}$ com componentes projetadas no sistema C fixo ao corpo leva ao seguinte sistema de equações diferenciais escalares para o rotor rígido

$$m \begin{bmatrix} a_1 \\ a_2 \\ a_3 \end{bmatrix} = \begin{bmatrix} F_1 \\ F_2 \\ F_3 \end{bmatrix} \tag{2.27}$$

$$\begin{bmatrix} I_{11}\alpha_1 + I_{12}\alpha_2 + I_{13}\alpha_3 \\ I_{12}\alpha_1 + I_{22}\alpha_2 + I_{23}\alpha_3 \\ I_{13}\alpha_1 + I_{23}\alpha_2 + I_{33}\alpha_3 \end{bmatrix} + \begin{bmatrix} (I_{13}\omega_1 + I_{23}\omega_2 + I_{33}\omega_3)\omega_2 \\ (I_{11}\omega_1 + I_{12}\omega_2 + I_{13}\omega_3)\omega_3 \\ (I_{12}\omega_1 + I_{22}\omega_2 + I_{23}\omega_3)\omega_1 \end{bmatrix} - \cdots$$

$$- \begin{bmatrix} (I_{12}\omega_1 + I_{22}\omega_2 + I_{23}\omega_3)\omega_3 \\ (I_{13}\omega_1 + I_{23}\omega_2 + I_{33}\omega_3)\omega_1 \\ (I_{11}\omega_1 + I_{12}\omega_2 + I_{13}\omega_3)\omega_2 \end{bmatrix} = \begin{bmatrix} M_1 \\ M_2 \\ M_3 \end{bmatrix} \tag{2.28}$$

nas quais os índices relativos ao referencial, corpo, centro de massa, etc., foram omitidos por brevidade. As equações (2.27) e (2.28) são conhecidas como **Equações de Newton-Euler.** Fica clara a complexidade da dinâmica de rotação (2.28) em comparação com a da translação (2.27) [6, 4].

As componentes I_{ij} do tensor podem ser simplificadas se as direções do sistema de referência fixo ao corpo forem escolhidas de forma a anular os termos cruzados I_{12}, I_{13} e I_{23}. Isto é possível solucionando o problema de autovalor/autovetor, estabelecido procurando-se situações onde os vetores ${}^{R}\boldsymbol{H}^{C/O}$ e ${}^{R}\omega^{C}$ em (2.22) sejam paralelos. Os autovetores de $\vec{\boldsymbol{I}}^{C/O}$ determinam as direções principais de inércia, ortogonais, que, se utilizadas como referência, simplificam o tensor e reduzem (2.27) e (2.28) a

$$m\begin{bmatrix} a_1 \\ a_2 \\ a_3 \end{bmatrix} = \begin{bmatrix} F_1 \\ F_2 \\ F_3 \end{bmatrix} \tag{2.29}$$

$$\begin{bmatrix} I_{11}\alpha_1 \\ I_{22}\alpha_2 \\ I_{33}\alpha_3 \end{bmatrix} + \begin{bmatrix} (I_{33}-I_{22})\omega_3\omega_2 \\ (I_{11}-I_{33})\omega_1\omega_3 \\ (I_{22}-I_{11})\omega_2\omega_1 \end{bmatrix} = \begin{bmatrix} M_1 \\ M_2 \\ M_3 \end{bmatrix}. \tag{2.30}$$

Apesar de mais simples, ainda se nota o caráter não linear destas equações pelas multiplicações das componentes da velocidade angular. Mesmo neste sistema, com equações mais simplificadas, a complexidade do movimento continua presente. O próximo passo é avaliar a influência de alguns carregamentos típicos para rotores tais como:

- peso próprio;
- desbalanceamento estático;
- desbalanceamento dinâmico;

- desbalanceamento elétrico em motores e/ou geradores;
- cargas de corte em máquinas ferramentas, etc.

2.6.1 Peso próprio

O peso próprio do rotor não causa muitos problemas do ponto de vista da rotação. Uma vez que o efeito da gravidade pode ser considerado como aplicado no centro de massa do corpo, ele não produz momentos em torno de si. Considerando também que o eixo não sai da posição de suportação, a solução das equações de movimento (2.27) e (2.28) se resume à distribuição estática destas cargas pelos mancais. Sendo o peso direcionado na vertical, estas cargas serão espacialmente fixas em relação à carcaça dos mancais. Do ponto de vista de controle, essa carga significa um valor constante da força magnética que deve ser aplicada pelos mancais.

2.6.2 Desbalanceamento estático

Considerando inicialmente o rotor como homogêneo e simétrico em relação ao seu eixo de rotação, o desbalanceamento estático consiste em uma perturbação desta homogeneidade na forma de uma pequena massa m_d, situada a uma distância d do centro de massa do rotor sem o desbalanceamento, na direção coordenada 2 do sistema C (fixo ao rotor), no plano perpendicular ao eixo de rotação, direção coordenada 1, contendo o centro de massa, ver figura 2.9 [5].

Deste modo a posição do centro de massa fica deslocada de uma distância e nesta direção no plano perpendicular dada por

$$e = \frac{m_d}{m} d \tag{2.31}$$

em que $m \gg m_d$, logo o valor de e será pequeno para valores típicos de d. Os termos do tensor de inércia também mudam, mas os termos

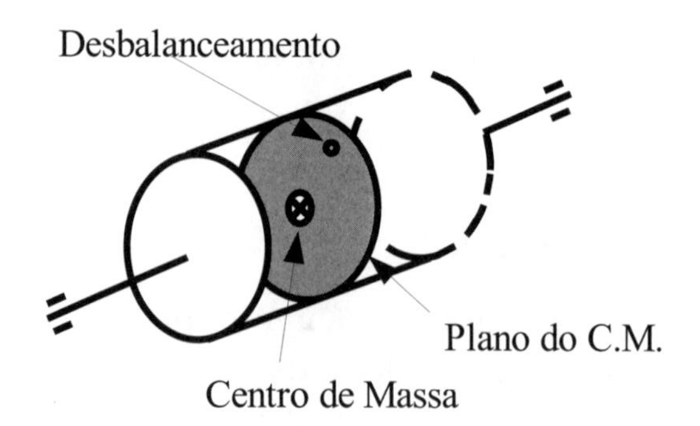

Figura 2.9: Desbalanceamento estático

cruzados, nulos no caso do rotor simétrico, continuam nulos e, do mesmo modo ainda, o termo I_{22} não se altera. Os termos I_{11} e I_{33} passam a ser

$$I_{ii} = I^a_{ii} + (m + m_d)d^2 \frac{m_d^2}{m^2} \qquad i = 1, 3$$

em que o índice sobrescrito a corresponde à inércia do rotor na condição inicial de homogeneidade. Como $m \gg m_d$, estas alterações da inércia são pequenas, para casos típicos. Fica então possível analisar o efeito do desbalanceamento estático a partir da trajetória do centro de massa: um círculo com raio determinado por (2.31). Para o caso de uma velocidade de rotação ω e aceleração angular α, a aceleração do centro de massa multiplicada pela massa do rotor fornece as forças nos mancais, dadas por

$$\begin{bmatrix} 0 \\ \omega^2 m_d d \\ \alpha m_d d \end{bmatrix} = \begin{bmatrix} F_1 \\ F_2 \\ F_3 \end{bmatrix}$$

onde a massa total do rotor $m + m_d \approx m$, uma vez que o desbalanceamento é pequeno. As forças são proporcionais ao produto $m_d d$, que resume o efeito do desbalanceamento para diferentes valores de massa e de posicionamento. Como as componentes são fixas nas direções 2 e 3, projetando as reações nas direções fixas na carcaça, sistema R, estas giram com a mesma velocidade da rotação do eixo. As forças são fixas no sistema do rotor e portanto, para o controle, variam harmonicamente nos mancais, com frequência igual à determinada pela velocidade angular do eixo.

No entanto, como o desbalanceamento se localiza no plano em que originalmente se encontrava o centro de massa, ele não causa momentos externos e as forças nos mancais ficam em fase entre si. A massa do desbalanceamento pode tanto ser considerada positiva, um excesso de massa em um ponto do rotor, quanto negativa, a falta de massa em um ponto do rotor.

2.6.3 Desbalanceamento dinâmico

Partindo novamente de um rotor homogêneo e simétrico em relação ao seu eixo de rotação, o desbalanceamento dinâmico consiste em uma perturbação desta homogeneidade na forma de duas pequenas massas idênticas, m_d, situadas a uma distância d do centro de massa original do rotor, na direção 2 do sistema C [5], mas agora uma das massas situa-se na direção positiva do eixo 2, e a outra na direção negativa. Além disto, estão também posicionadas distantes de l, uma a frente e outra atrás, da posição do centro de massa na direção 1. O desbalanceamento dinâmico está esquematizado na figura 2.10.

É importante notar que a distribuição das massas de desbalanceamento não altera a localização do centro de massa do rotor. Ele permanece na mesma posição do caso balanceado. As diferenças de inércia se concentram então nos termos do tensor de inércia. As equações de movimento relativas à translação, equações (2.27), se tornam identicamente nulas já que não haverá aceleração do centro de massa

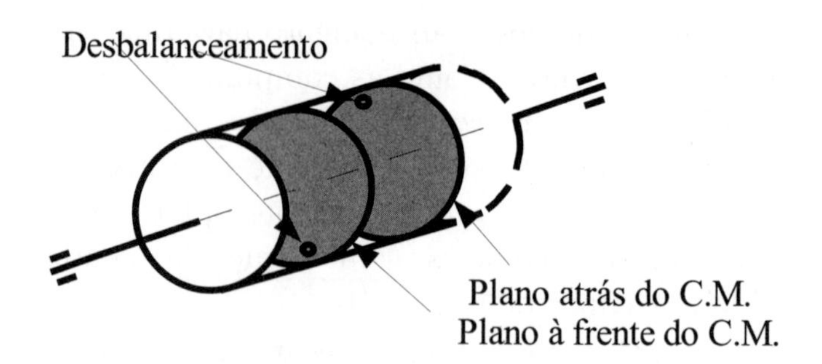

Figura 2.10: Desbalanceamento dinâmico

do rotor. Os termos do tensor de inércia ficam assim alterados por

$$
{}^{R}\vec{\boldsymbol{I}}^{C/O} = \begin{bmatrix} I^a_{11} & 0 & 0 \\ 0 & I^a_{22} & 0 \\ 0 & 0 & I^a_{33} \end{bmatrix} + 2m_d \begin{bmatrix} d^2 & -ld & 0 \\ -ld & l^2 & 0 \\ 0 & 0 & (l^2+d^2) \end{bmatrix} \tag{2.32}
$$

na qual se nota um certo aumento nos termos da diagonal, pequeno em comparação com os termos originais, pois m_d é pequena. Entretanto o novo tensor de inércia é qualitativamente bem diferente do original, já que não é mais puramente diagonal. Apesar de pequenos, os termos I_{12} e I_{21} são não nulos; colocando-os nas equações (2.28), a dinâmica da rotação fica

$$
\begin{bmatrix} I_{11}\alpha_1 + I_{12}\alpha_2 \\ I_{12}\alpha_1 + I_{22}\alpha_2 \\ I_{33}\alpha_3 \end{bmatrix} + \begin{bmatrix} (I_{33}\omega_3)\omega_2 \\ (I_{11}\omega_1 + I_{12}\omega_2)\omega_3 \\ (I_{12}\omega_1 + I_{22}\omega_2)\omega_1 \end{bmatrix} - \cdots
$$

$$
- \begin{bmatrix} (I_{12}\omega_1 + I_{22}\omega_2)\omega_3 \\ (I_{33}\omega_3)\omega_1 \\ (I_{11}\omega_1 + I_{12}\omega_2)\omega_2 \end{bmatrix} = \begin{bmatrix} M_1 \\ M_2 \\ M_3 \end{bmatrix}. \tag{2.33}
$$

Considerando que o rotor gira rapidamente, com velocidade angular Ω em torno de seu eixo, coordenada 1 do sistema C, e que as componentes da velocidade angular nas demais direções perpendiculares, ω_2 e ω_3, são pequenas em comparação com ω_1, os termos que envolvem $\omega_2\omega_3$ podem ser desprezados e a equação (2.33) se simplifica:

$$\begin{bmatrix} I_{11}\alpha_1 + I_{12}\alpha_2 \\ I_{12}\alpha_1 + I_{22}\alpha_2 \\ I_{33}\alpha_3 \end{bmatrix} + \begin{bmatrix} 0 \\ I_{11}\Omega\omega_3 \\ I_{12}\Omega^2 + I_{22}\Omega\omega_2 \end{bmatrix} - \begin{bmatrix} I_{12}\Omega\omega_3 \\ I_{33}\omega_3\Omega \\ I_{11}\Omega\omega_2 \end{bmatrix} = \begin{bmatrix} M_1 \\ M_2 \\ M_3 \end{bmatrix}. \tag{2.34}$$

Caso os mancais sejam ainda considerados como infinitamente rígidos, os componentes da velocidade e aceleração angulares nas direções transversais ao eixo de rotação, direções 2 e 3, serão nulos e (2.34) torna-se:

$$\begin{bmatrix} I_{11}\alpha_1 \\ I_{12}\alpha_1 \\ 0 \end{bmatrix} + \begin{bmatrix} 0 \\ 0 \\ I_{12}\Omega^2 \end{bmatrix} = \begin{bmatrix} M_1 \\ M_2 \\ M_3 \end{bmatrix}. \tag{2.35}$$

No caso bastante comum de rotor em regime permanente, com rotação constante, o primeiro termo em (2.35) se anula, pois α_1 também se torna zero. Neste caso, há a necessidade de um momento M_3, proporcional ao desbalanceamento e ao quadrado da velocidade de rotação, na direção 3 fixa no sistema do rotor. Este momento será, como as forças de desbalanceamento no caso estático, girante no sistema fixo à carcaça e virá de forças nos mancais, defasadas espacialmente em suas posições angulares em relação ao eixo de rotação por 180°. No caso estático, as forças estariam em fase.

Quando os mancais não são rígidos o suficiente para se desprezar os componentes das velocidades e acelerações angulares transversais ao eixo de rotação, as equações (2.34) têm que ser consideradas, o que é feito através de simulações dinâmicas numéricas. De modo geral, no entanto, permanecerá a defasagem entre as forças nos mancais.

2.6.4 Desbalanceamento genérico

É um conjunto correspondente ao efeito estático e dinâmico combinados. A combinação das forças nos mancais, geradas por cada um dos efeitos simultâneos, leva a forças defasadas porém de um ângulo que dependerá da razão das magnitudes dos desbalanceamentos estático e dinâmico.

2.6.5 Outros tipos de esforços

As forças nos itens anteriores tem duas características especiais: ou guardam uma posição angular fixa e definida em relação ao eixo ou em relação à carcaça. Sendo fixas em relação ao eixo, podem ser chamadas de síncronas e, em relação aos mancais, variam harmonicamente com o ângulo. No caso mais comum de velocidade de rotação constante do eixo, essa variação é harmônica no tempo também. No caso das cargas fixas em relação à carcaça esta mesma variação é agora sentida no que diz respeito ao eixo. O sincronismo das cargas fixas em relação ao eixo indica que a frequência de variação na carcaça equivale à própria velocidade de rotação do eixo, expressa em Hz.

Há outros carregamentos genéricos, nos quais não há posição fixa em relação ao eixo ou à carcaça. Estes esforços serão forçosamente assíncronos, podendo ou não guardar alguma relação, múltipla ou submúltipla, com a velocidade angular do eixo. Exemplos destas cargas podem ser flutuações aleatórias nas forças de corte de uma máquina ferramenta, ou de pressão na passagem de palhetas pela seção do bocal em um compressor rotativo ou turbina, cargas de desbalanceamento em compressores alternativos ou motores de combustão interna, esforços nos dentes de ferramentas de corte, etc... Não sendo síncronas e podendo assumir qualquer configuração junto aos mancais, não se fará uma modelagem explícita destas cargas, bastando os modelos anteriores onde se deve utilizar valores para frequências de excitação ou perturbação diferentes daquela oriunda da velocidade angular.

2.7 Simulações dinâmicas

A solução de equações diferenciais é muito importante na obtenção de informações quantitativas sobre parâmetros de rotores. Como a solução numérica destas equações foge ao escopo deste texto, serão aqui apresentados resultados do programa *Universal Mechanism* para a simulação dinâmica de sistemas multicorpos sujeitos a diferentes forças externas, inclusive vindas de mancais magnéticos com sistemas de controle próprios. O objetivo é mostrar qualitativamente, e, em parte quantitativamente, o comportamento previsto pelas equações básicas (2.20) e (2.25). Sua interface permite explorar diversos aspectos do movimento através de diferentes gráficos de grandezas associadas à dinâmica simulada. O rotor utilizado tem as características resumidas na tabela 2.1.

Tabela 2.1: Geometria e inércia do rotor simulado (unidades no SI)

Parâmetro	Valor	Parâmetro	Valor
massa	1,6	desbalanc.	0,00415
I_{11}	0,000286	raio do desbalanc.	0,015
I_{22}	0,000394	diâmetro do eixo	0,010
I_{33}	0,000394	diâmetro do rotor	0,040
I_{12}, I_{13}, I_{23}	0	comprim. do eixo	0,250
mancal 1	0,1 do CM	comprim. do rotor	0,150
mancal 2	0,1 do CM	comprim. do rotor	0,150

A figura 2.11 ilustra o modelo simulado. Serão considerados nas simulações os casos de mancais rígidos e rotor com desbalanceamento dinâmico e genérico, bem como mancais com alguma flexibilidade e desbalanceamento genérico. Considera-se o rotor na posição horizontal e sem cargas na direção longitudinal.

Nas simulações com mancais rígidos o rotor gira a 1800rpm. As massas de desbalanceamento estão simbolizadas, apenas para efeitos de visualização, pelas protuberâncias no rotor.

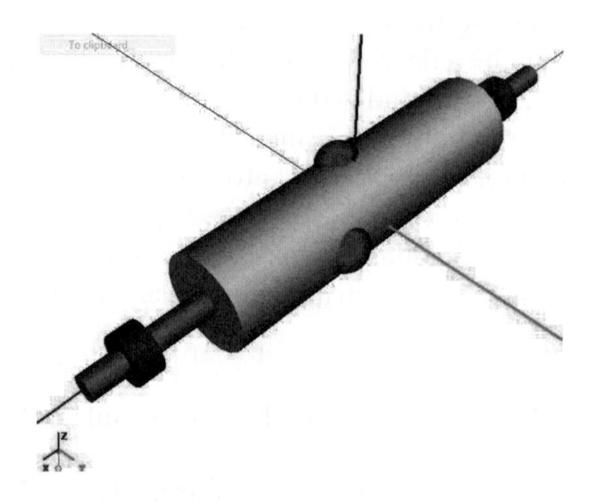

Figura 2.11: Rotor modelado no software **Universal Mechanism**

No caso de desbalanceamento dinâmico, cada massa tem aproximadamente 0,004kg e se posiciona a 20mm do CM do rotor, uma à frente e outra atrás, e estão angularmente defasadas de 180° em relação ao seu eixo. O CM está, por simetria, na posição média do eixo/rotor.

O desbalanceamento genérico inclui uma terceira massa igual às anteriores, no plano do CM, porém defasada de 120° em relação à primeira das anteriores. A figura 2.12 ilustra a componente horizontal dos esforços nos mancais 1 e 2, considerados rígidos; note-se o comportamento de oposição de fase entre as forças nos mancais.

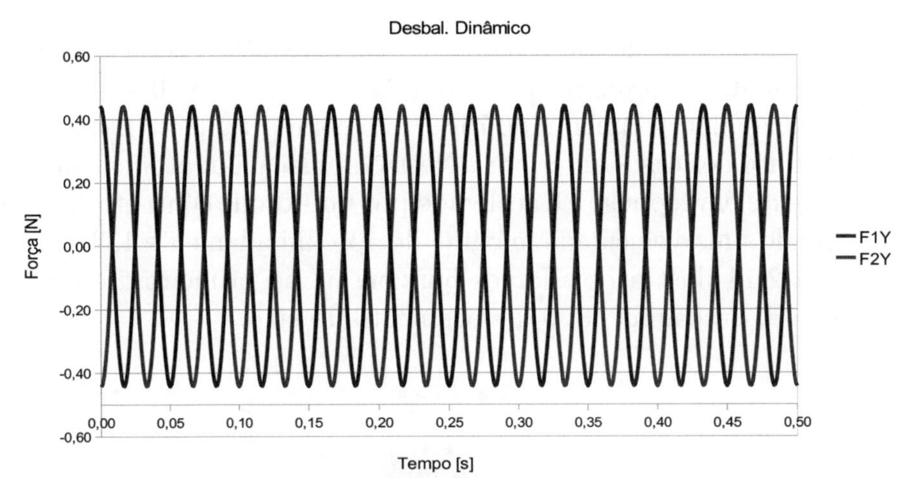

Figura 2.12: Forças horizontais nos mancais rígidos: desbalanceamento dinâmico

Para o caso geral de desbalanceamento, observa-se na figura 2.13 uma defasagem entre os esforços, diferente de 180°.

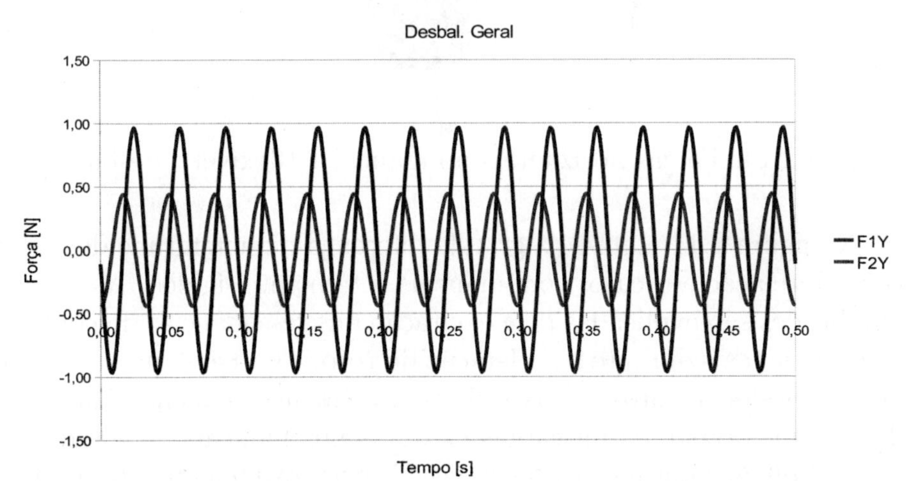

Figura 2.13: Forças horizontais nos mancais rígidos: desbal. geral

Mantendo-se o mesmo caso de desbalanceamento geral e considerando os mancais como flexíveis com rigidez finita de 10×10^6N/m e um pequeno amortecimento de 75Ns/m o comportamento das forças é bem distinto dos casos anteriores. Nesta simulação, o rotor encontra-se inicialmente em repouso e é acelerado por um torque contante de 2Nm, alcançando uma velocidade máxima de aproximadamente 133000rpm. A figura 2.14 ilustra os esforços horizontais no primeiro mancal e a figura 2.15, na página 63, o deslocamento do eixo.

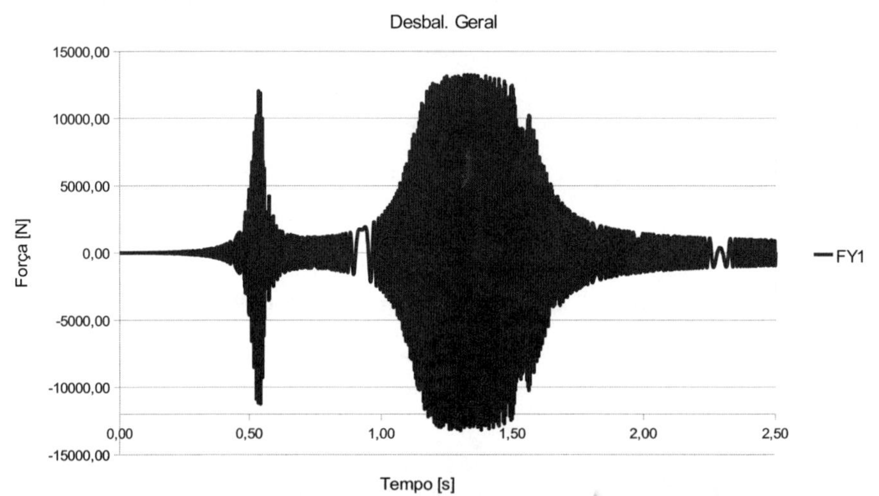

Figura 2.14: Forças horizontais no mancal 1 (flexível): desbal. geral

Na figura 2.14, nota-se a grande diferença de magnitude dos esforços, em relação aos casos com mancais totalmente rígidos. As grandes amplitudes são explicadas pela excitação das ressonâncias do conjunto rotor e mancais durante a aceleração do rotor, mostrada na figura 2.15 [5]. Os deslocamentos do eixo são relativamente pequenos, da ordem de 1,2mm, porém geram cargas elevadas nos mancais. Além disso a velocidade do rotor nas ressonâncias é consideravelmente alta, levando a cargas também elevadas.

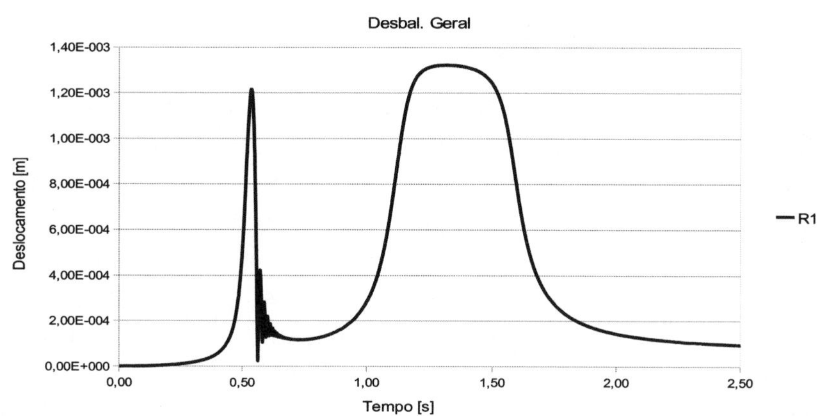

Figura 2.15: Deslocamento do eixo no mancal 1 (flexível): desbalanceamento geral

A primeira ressonância corresponde ao movimento em fase nos mancais, uma translação do rotor inteiro, ocorrendo a uma velocidade de giro de cerca de 34700rpm. A segunda ressonância corresponde a uma rotação do rotor em um eixo perpendicular ao eixo de rotação, em cerca de 73600rpm. O comportamento do rotor nestas condições implica no aparecimento dos componentes de velocidade angular perpendiculares ao eixo de rotação original e uma maior complexidade na aceleração. É clara a implicação no tempo de duração do transiente das ressonâncias nas altas cargas nos mancais.

O amortecimento nos mancais é fator importante nas amplitudes destas vibrações, o que gera uma preocupação no caso dos mancais magnéticos, em que o amortecimento é pequeno e gerado pelo sistema de controle. Este comportamento global torna-se ainda mais complexo ao se levar em conta também a eventual flexibilidade do próprio rotor. A discussão destes tópicos encontra-se além dos objetivos deste texto mas é muito importante para os rotores de alta velocidade.

2.8 Conclusões

A dinâmica da rotação de um corpo rígido, expressa pelas equações (2.27) e (2.28), apresenta uma diversidade de comportamentos que precisam ser levados em consideração para o dimensionamento de mancais em geral e magnéticos em particular. Como os mancais magnéticos ativos dependem de leis de controle, é importante que os esforços nos mancais, em especial sua dependência temporal e espacial, sejam conhecidas ou pelo menos estimadas para o correto projeto dos controladores.

Dada a complexidade do sistema de equações diferenciais envolvidos, simulações computacionais são ferramentas importantes para o estudo da dinâmica dos rotores. Especialmente no caso da análise de transientes na aceleração e/ou desaceleração, eles constituem um método de grande utilidade. Com base nas equações aqui mostradas podem ainda ser discutidos problemas de estabilidade de rotação dos rotores rígidos, mas isto não foi abordado neste texto.

Este capítulo lidou com a dinâmica de rotores rígidos, embora tenha sido permitida uma certa rigidez finita nos mancais. Esta aproximação é válida para uma grande gama de rotores suportados por mancais magnéticos. Para trabalho em velocidades muito elevadas, torna-se necessário considerar também a flexibilidade do próprio rotor. Entretanto o estudo dos rotores flexíveis foge ao escopo aqui contemplado.

Mesmo após a linearização das equações de movimento, considerando um mancal de rolamento e um mancal magnético como no rotor construído na UFRJ, o modelo obtido ainda apresenta termos referentes ao efeito giroscópico. Estes termos são responsáveis pela grande diferença da dinâmica de um rotor quando comparada à dinâmica de um corpo rígido, porém sem rotação elevada em torno de um eixo de simetria.

O material desenvolvido neste capítulo, as equações de movimento, serão empregadas posteriormente para a implementação do sistema de controle para posicionamento do rotor.

2.9 Exercícios

Exercício 2.9.1 *Seja um rotor de motor elétrico suportado em mancais rígidos, espaçados entre si por* $220mm$ *e simetricamente dispostos ao longo do eixo. O eixo do rotor tem diâmetro* $10mm$ *e comprimento* $250mm$*. O rotor propriamente dito pode ser aproximado por um cilindro com diâmetro* $70mm$ *e comprimento* $100mm$*, também disposto simetricamente ao longo do eixo.*

O desbalanceamento é causado por três pequenos defeitos de fabricação no rotor que podem ser aproximados por furos cilíndricos de diâmetro $5mm$ *e profundidade de* $6mm$ *posicionados:*

- *dois furos na face posterior do rotor em posições diametralmente opostas;*
- *um furo na face anterior do rotor na mesma posição angular de um dos outros dois defeitos.*

Todos os defeitos se encontram a uma distância de $35mm$ *do eixo de rotação. Assumindo uma densidade média do material como de* $6500kg/m^3$ *pede-se:*

1. *O tensor de inércia do conjunto eixo e rotor sem e com desbalanceamento.*
2. *Os esforços nos mancais devidos ao peso do rotor.*
3. *Os esforços nos mancais devidos ao desbalanceamento do rotor como função de sua velocidade angular, assumida constante.*

4. *Os esforços nos mancais e o momento elétrico necessário para acelerar o motor, inicialmente parado, até uma velocidade de* $15000 rpm$ *em cerca de* $20 s$. *Considerar os casos sem e com desbalanceamento, calculando a evolução no tempo dos esforços.*

5. *Os esforços nos mancais e o momento elétrico necessário para acelerar o motor, inicialmente parado até uma velocidade de* $15000 rpm$ *em cerca de* $1 s$. *Considerar os casos sem e com desbalanceamento, calculando a evolução no tempo dos esforços.*

Exercício 2.9.2 *Considerando as equações (2.14) e (2.15), na página 42, e que as forças nos atuadores magnéticos, e portanto os momentos aplicados pelos mesmos sobre o rotor, possam ser modelados como uma rigidez linear (ver capítulo 3),*

1. *mostre que a sua representação sob a forma de diagrama de blocos pode ser dada pela figura 2.16 a seguir:*

2. *Considerando as equações de rotação, (2.15), bem como a aproximação linear para as forças no mancal magnético, calcular as frequências naturais do sistema de dois graus de liberdade e mostrar que elas variam com a velocidade de rotação do rotor.*

3. *Implementar o diagrama de blocos e simular o comportamento dinâmico do sistema com as características descritas no exercício anterior.*

Exercício 2.9.3 *Com a implementação do diagrama de blocos do exercício anterior:*

1. *calcular as frequências naturais do sistema.*

2. *verificar o comportamento quando a frequência de rotação está próxima a elas.*

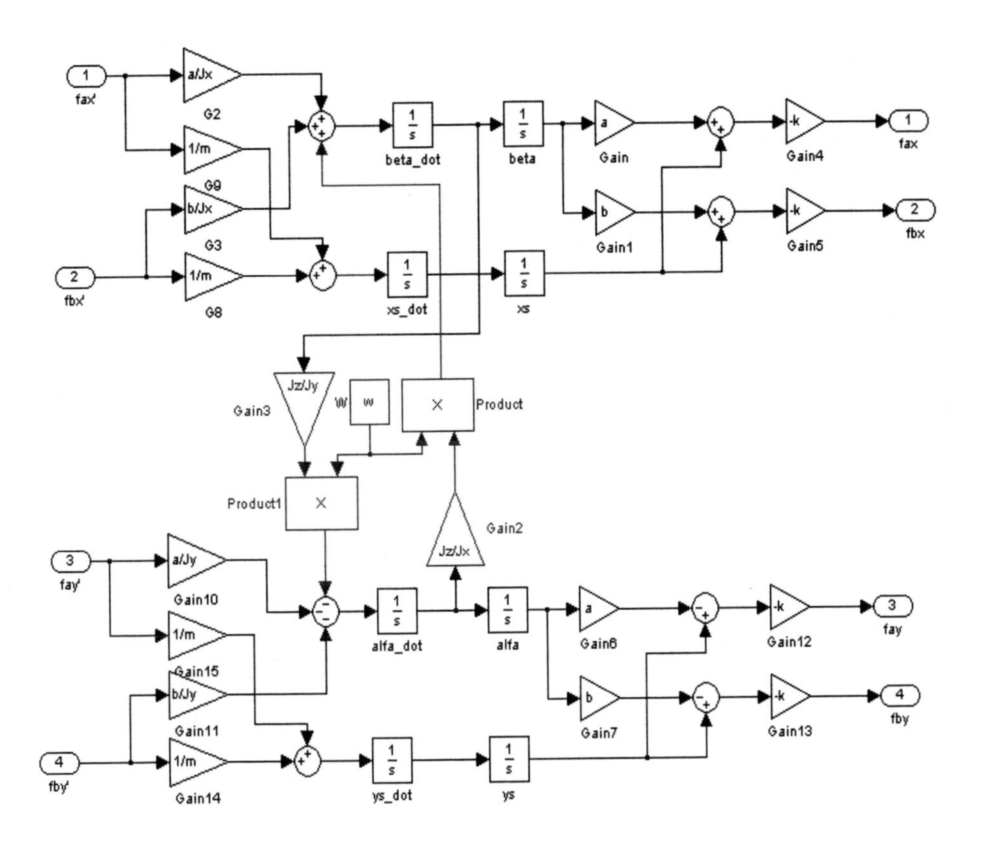

Figura 2.16: Diagrama de Blocos

Referências Bibliográficas

[1] DECKER, K. *Maschinenelemente, Gestaltung und Berechnung.* Carl Hanser Verlag — Munich, 1995.

[2] HARRIS, T. A. *Rolling Bearing Analysis.* John Wiley & Sons, 1966.

[3] LALANNE, M., AND FERRARIS, G. *Rotordynamics Prediction in Engineering.* John Wiley & Sons, 1998.

[4] LESSER, M. *The Analysis of Complex Nonlinear Mechanical Systems.* World Scientific — London, 1995.

[5] NETO, A. P. R. *Vibrações Mecânicas.* e-Papers, Rio de Janeiro, 2007.

[6] TENENBAUM, R. A. *Fundamentals of Applied Dynamics.* Springer-Amsterdam, 2004.

[7] WWW.SCHAEFFLER.COM/CONTENT.SCHAEFFLER.COM.BR/PT/INA_FAG_PRODUCTS/. productinformation/index.jp. *Acessado em 24/04/2010.*

Capítulo 3

Controles Para MMs

3.1 Levitação

Muito possivelmente, a palavra levitação evoca na maioria das pessoas imagens de mágicos com roupas escuras e capas de seda, belas assistentes de palco deitadas e que de repente começam a flutuar e, com lentidão, desafiam a lei da gravidade e o entendimento da plateia. Neste livro, a levitação será encarada de um modo bem menos romântico, e a única coisa em comum com as imagens acima é que se deseja equilibrar o efeito da gravidade em um dado corpo. A distância h deste corpo em relação a um plano horizontal de referência deve se manter constante, como ilustrado na figura 3.1.

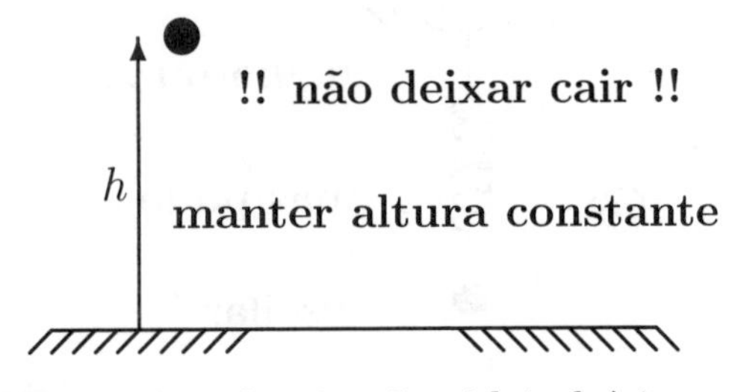

Figura 3.1: Levitação: ideia básica

Uma possível solução para esse problema se vê na figura 3.2 a seguir. Bem pouco interessante esta solução, seu uso de tecnologia é bem pequeno. E, além disto, embora a altura seja realmente constante, não se pode alterar o seu valor de modo simples, seria preciso uma custosa obra estrutural.

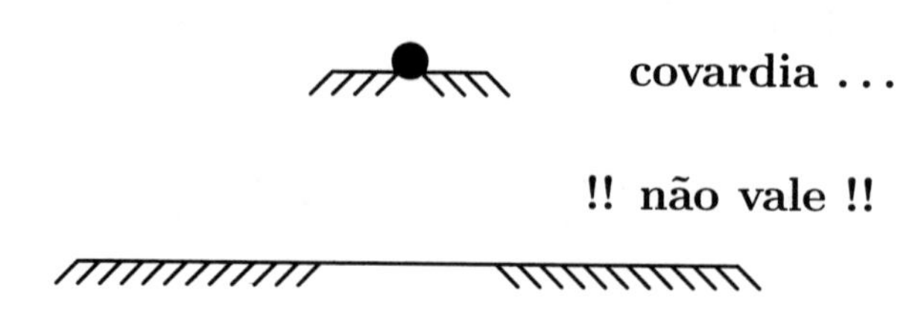

Figura 3.2: Levitação: primeira solução

A figura 3.3.a apresenta uma solução mais interessante, mas que ainda deixa muito a desejar pois a mudança da posição de equilíbrio continua problemática, e o conjunto todo pode oscilar, o que vai contra o objetivo fundamental da levitação.

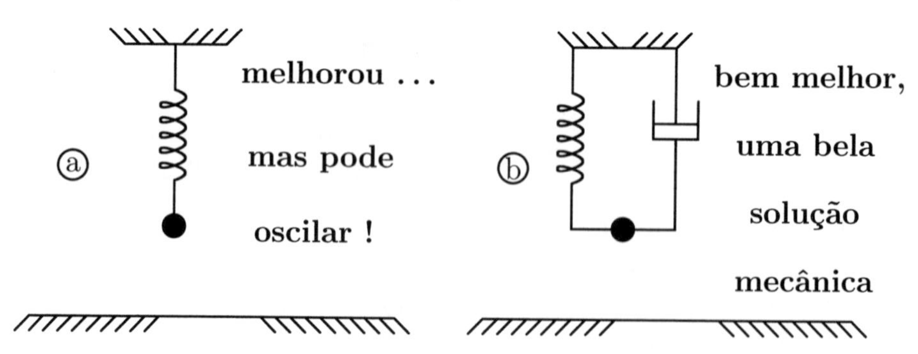

Figura 3.3: Levitação: segunda e terceira soluções

É certo que as prováveis oscilações são um grande defeito da solução anterior, mas também é certo que há métodos conhecidos e eficientes para lidar com elas, como se vê na figura 3.3.b.

A levitação dos palcos não tem — aparentemente, claro — qualquer tipo de contato ou suporte, o que parece realmente mágico e garante o sucesso duradouro dessas apresentações. Mas a Física também é capaz desse truque, nela também há ações que se manifestam sem a necessidade de contato, como as geradas por campos: se o corpo a ser suspenso for metálico, e magnetizável, que tal usar um ímã, como na figura 3.4?

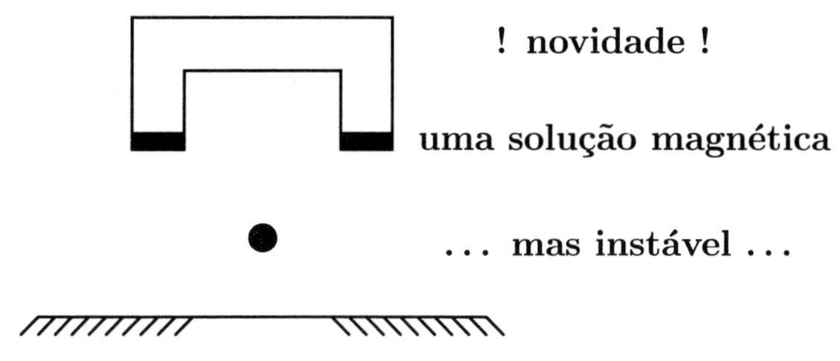

Figura 3.4: Levitação: quarta solução

As forças exercidas por ímãs dependem da distância, e assim, existe uma posição, única, em que a força magnética sobre o corpo equilibra a ação da gravidade. Se o corpo sobe, mesmo de modo ínfimo, a força magnética aumenta e ele subirá ainda mais; se ele desce, por menos que seja, cairá sempre. Em resumo, o equilíbrio conseguido é instável. Se a ação magnética for regulável então a ideia está salva, pois quando a esfera cair, basta aumentar a intensidade do campo para aumentar a força e interromper a queda; quando o empuxo magnético for forte demais e tender a colar a esfera, basta aliviar a intensidade.

Campos magnéticos reguláveis existem, e são fáceis de conseguir: eletroímãs. A montagem da figura 3.5 ilustra a situação. Esta montagem, aliás, já havia aparecido antes, e com mais detalhes, na figura 1.15 do capítulo 1. Os sensores captam os movimentos do corpo e, de algum modo, o campo é regulado a partir desta informação, aumentando ou diminuindo a força de atração resultante. Isto é controle ativo, algo bem conhecido e que se consegue fazer com muita eficiência, na maioria das vezes.

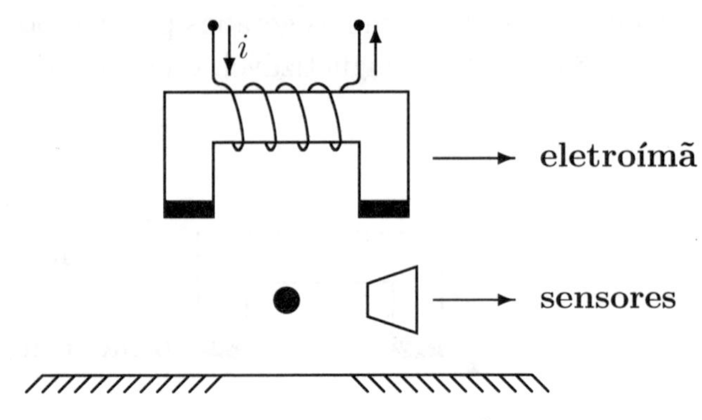

Figura 3.5: Levitação: quinta solução

A ideia explorada na figura 3.5 funciona bastante bem na prática e fornece uma solução satisfatória para o problema de equilibrar a gravidade. Trata-se de um posicionamento sem contato, uma levitação magnética, algo razoavelmente básico e conhecido, presente como exemplo motivador em vários textos introdutórios de controle. Mesmo assim, apesar de ser coisa singela, ela pode ajudar muito em situações mais complicadas e importantes, como por exemplo os Mancais Magnéticos (MMs), e merecerá atenção e detalhes nas próximas seções.

3.2 Levitação simples por DEMA

No primeiro capítulo deste livro, na seção 1.5.3, vários aspectos da geração de forças de relutância foram explicados, para deixar claro o funcionamento de eletroímãs. A partir de agora, se usará a ideia de Dispositivo Eletromagnético de Atração, DEMA, para representar esquematicamente um eletroímã, algo com a capacidade de gerar uma força de atração F_m que depende da intensidade i da corrente fornecida e da distância d do corpo a ele: $F_m = F_m(i, d)$. Os DEMAs serão representados graficamente não pela tradicional forma de ferradura, como na figura 3.5, mas como na figura 3.6.

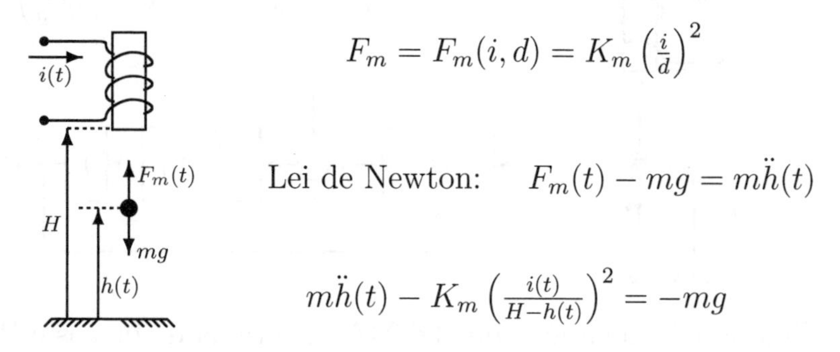

$i(t)$
$F_m(t)$
H
mg
$h(t)$
$F_m = F_m(i,d) = K_m \left(\frac{i}{d}\right)^2$
Lei de Newton: $F_m(t) - mg = m\ddot{h}(t)$
$m\ddot{h}(t) - K_m \left(\frac{i(t)}{H-h(t)}\right)^2 = -mg$

Figura 3.6: Dispositivo Eletromagnético de atração — DEMA — gerando força magnética para equilibrar o peso de uma esfera. Aplicação da Lei de Newton leva a equação diferencial relacionando a posição do corpo e a corrente injetada.

Em alguns casos, dos quais a equação (1.16) da seção 1.5.3 é exemplo, a expressão da força magnética é simples: $F_m = K_m(i/d)^2$. A partir de agora, a hipótese de que esta fórmula é válida será sempre feita; como H mede a distância do DEMA ao plano de referência, a espessura do "gap" é dada por $d = H - h$. Na figura 3.6, também se ilustra a aplicação simples da lei de Newton para o corpo suspenso, sujeito apenas às forças verticais indicadas; a equação de movimento resultante é, como anotado acima:

$$F_m(t) - mg = m\ddot{h}(t).$$

Usando a simbologia tradicional dos diagramas de blocos, pode-se representar esta expressão como na figura 3.7 a seguir. De um ponto de vista global, identifica-se nesse diagrama uma relação de causa e efeito entre i e d e, consequentemente, entre i e h. Relações de causa e efeito, entradas e saídas, ações e reações, é exatamente neste terreno, que entram a teoria e a prática de Controle.

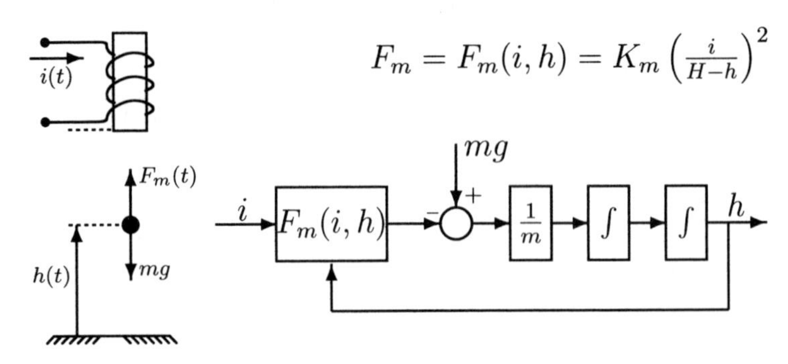

Figura 3.7: Levitação por DEMA, diagrama de blocos e PLS

3.3 Problema da Levitação Simples, PLS

Deseja-se manter fixa a posição vertical da esfera. Este problema de controle, apresentado pela figura 3.7, admite uma formulação rigorosa: dada a posição de referência, ou desejada, h_r, encontrar uma corrente $i(t)$ tal que

$$\begin{cases} \text{se} \quad h(0) = h_r \quad \text{então} \quad h(t) = h_r \quad \forall t \\ \text{se} \quad h(0) \neq h_r \quad \text{então} \quad \lim_{t\to\infty} h(t) = h_r. \end{cases}$$

Para um primeiro ataque ao PLS, deve-se pensar em que corrente causa, quando injetada no DEMA, uma força magnética de módulo igual ao do peso do corpo. É direto verificar que

$$i = (H - h_r)\sqrt{\frac{mg}{K_m}} = i_r \quad \Longrightarrow \quad F_m(i_r, h_r) = F_m^r = mg.$$

Com a imposição desta corrente, haverá equilíbrio, e isto responde à primeira exigência do PLS, mas para responder à segunda exigência é necessário determinar se este equilíbrio é estável ou instável.

Supondo que $i = (H - h_r)\sqrt{mg/K_m} = i_r$ é mantida constante e que a posição h é perturbada por $h = h_r + y$ é fácil, apelando para a intuição, concluir que se $y < 0$ então $F_m < mg$ e o corpo cai, e se $y > 0$ então $F_m > mg$ e o corpo cola. A conclusão é óbvia, o equilíbrio obtido com corrente de alimentação fixa é instável. Qualquer possibilidade de sucesso fica assim atrelada à necessidade de se variar a corrente injetada, $i(t) = i_r + u(t)$, o que geraria uma posição também alterada $h(t) = h_r + y(t)$; assim, para formular o PLS em termos mais precisos, esta corrente adicional $u(t)$ deve ser buscada.

$$\left.\begin{array}{r} h(t) = h_r + y(t) \\ i(t) = i_r + u(t) \end{array}\right\} u(t) = ?\text{ tal que } \left\{\begin{array}{ll} y(0) = 0 \Rightarrow y(t) = 0 & \forall t \\ y(0) \neq 0 \Rightarrow \lim_{t\to\infty} y(t) = 0 & \\ y(0) \neq 0 \Rightarrow \lim_{t\to\infty} y(t) = y^*. & \end{array}\right.$$

Note-se a exigência extra, feita para permitir que o corpo seja eventualmente equilibrado em uma posição h^* não obrigatoriamente igual a h_r ($h^* = h_r + y^*$). Entrando com as expressões $h(t) = h_r + y(t)$ e $i(t) = i_r + u(t)$ e com a força magnética nas equações mecânicas que governam o movimento do corpo vem

$$\left.\begin{array}{r} m\ddot{h} = F_m - mg \\ F_m = K_m\left(\frac{i}{H-h}\right)^2 \end{array}\right\} \Longrightarrow m\ddot{y} - K_m\left(\frac{i_r + u}{H - h_r - y}\right)^2 = -mg. \quad (3.1)$$

Esta equação relacionando a variável de entrada u (a corrente adicionada a i_r) à variável de saída y (desvio da posição de referência h_r) é o modelo geral não linear para a levitação por DEMA abordada. Sua não linearidade dificulta muito a análise do sistema e a síntese de controladores estabilizantes: é preciso linearizar.

O material e os raciocínios apresentados nesta seção, e também nas futuras seções, se apoiam em conceitos basilares no estudo de controle de sistemas. A quantidade de referências bibliográficas pertinentes é vasta; algumas poucas serão mencionadas mais adiante, na seção 3.8.1.

3.3.1 Linearização do PLS

Como o peso da esfera é equilibrado pela corrente de referência na posição desejada, $mg = F_m(i_r, h_r) = K_m(i_r/d_r)^2$, onde $d_r = H - h_r$, a expressão (3.1) para o movimento do modelo pode ser reescrita como

$$m\ddot{y} = -K_m\left(\frac{i_r}{d_r}\right)^2 + K_m\left(\frac{i_r+u}{d_r-y}\right)^2 = g(u,y). \qquad (3.2)$$

É razoável supor que $u(t) \approx 0$ e $y(t) \approx 0$ para quaisquer valores de t. Em outras palavras, y e u permanecem sempre nas proximidades do ponto de operação $y_0 = 0$ e $u_0 = 0$. Assim, pode-se aplicar a série de Taylor à expressão acima em torno do ponto de operação PO $= (0,0)$ para obter

$$m\ddot{y} = g(0,0) + \left.\frac{\partial g}{\partial u}\right|_{\text{PO}}(u-u_0) + \left.\frac{\partial g}{\partial y}\right|_{\text{PO}}(y-y_0) + \cdots \qquad (3.3)$$

Desprezando os termos de ordens superiores, batizando os valores das derivadas parciais de k_i e k_d e lembrando finalmente que $g(0,0) = 0$ vem a expressão linearizada

$$m\ddot{y} = k_i u + k_d y \qquad (3.4)$$

que se buscava; um cálculo cuidadoso dos coeficientes mostrados leva a

$$k_i = 2K_m i_r/d_r^2 \qquad \text{e} \qquad k_d = 2K_m i_r^2/d_r^3 \qquad (3.5)$$

o que permite o traçado de um diagrama de blocos lineares para o problema, mostrado na figura 3.8.

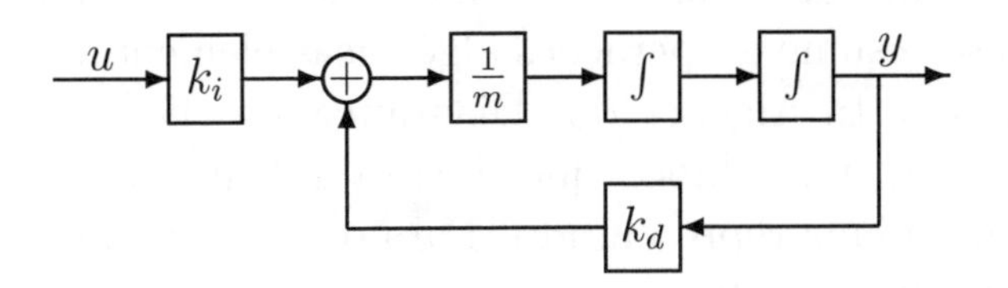

Figura 3.8: Representação por diagrama de blocos

O diagrama da figura 3.8 representa visualmente a equação linearizada (3.4). Ilustrações gráficas de equações diferenciais são populares pois permitem entender com comodidade o fluxo de processamento por que passam os sinais entre os estágios de entrada ou iniciais e de saída ou finais.

Uma filosofia de trabalho bastante usada para a resolução de equações diferenciais lineares e invariantes no tempo, como a citada (3.4), é o chamado **Cálculo Operacional,** que envolve as **Transformadas de Laplace** e sua variável s. Como pode ser visto em textos básicos, alguns dos quais mencionados na seção 3.8.1, uma operação não muito trivial como a integração no tempo de um sinal $x(t)$ — $\int x(t)\mathrm{d}t$ — passa a ser a divisão por s de sua transformada, $X(s)/s$, algo algébrico e bem mais simples.

O diagrama associado à equação linearizada (3.4) passaria a ser o da figura 3.9; note-se que agora u e y simbolizam as *tranformadas de Laplace* dos sinais correspondentes.

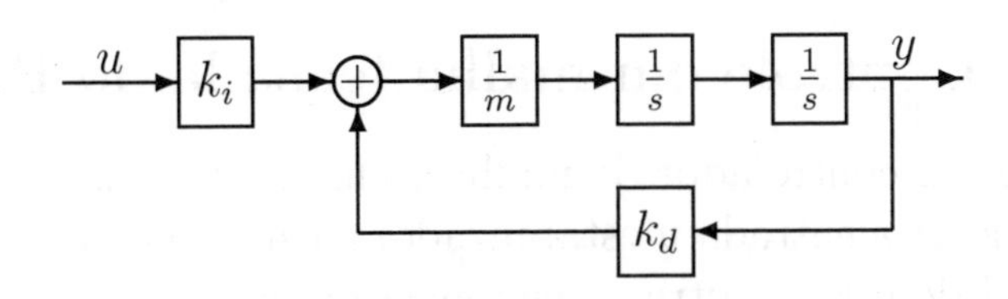

Figura 3.9: Diagrama de blocos com Laplace

A manipulação de um diagrama como o da figura 3.9 é muito simples pois se resume a operações algébricas elementares com os blocos. O objetivo desta Álgebra dos Diagramas de Blocos é reduzir um diagrama a um único bloco que mostra a **função de transferência global** do sistema representado. Para o caso acima os desenvolvimentos levam à figura 3.10.

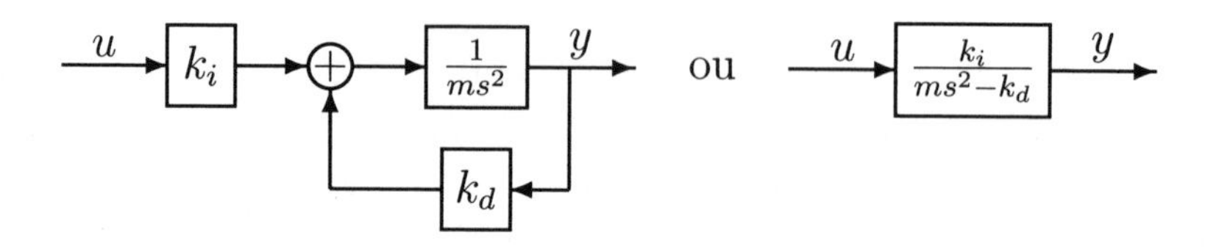

Figura 3.10: Diagramas de blocos lineares

A função de transferência é um modelo simples, denso e muito rico de um sistema linear e invariante no tempo. Ela oferece acesso direto, amplo e suave a propriedades dinâmicas cruciais do processo modelado. Para este caso em análise, nota-se que o modelo linearizado é de segunda ordem, sem zeros e com polos reais e simétricos com relação à origem: $p_{1,2} = \pm\sqrt{k_d/m}$. O polo positivo indica a instabilidade prevista intuitivamente.

Para viabilizar a levitação, a principal tarefa é a de estabilizar a esfera. O estoque de ferramentas capazes disso, fornecidas pela teoria de Controle, é vasto e poderoso; algumas delas serão revistas a seguir.

3.3.2 Controle em malha fechada do PLS

Busca-se um controlador de malha fechada, designado por C ou $C(s)$ para fornecer a entrada u estabilizadora; este controlador é alimentado pelo sinal de erro e entre a referência desejada r, um nível constante (e quase sempre nulo) que representa o valor desejado para a saída, e a saída efetivamente medida $y = h - h_r$. Sendo h_s a característica do sensor, o diagrama na figura 3.11 modela a situação. O símbolo v nessa figura denota distúrbios, ou seja, ações normalmente incontroláveis e imprevisíveis que podem afetar a planta (nome muitas vezes dado ao sistema que se quer controlar) e que devem ser rejeitados por um bom controlador.

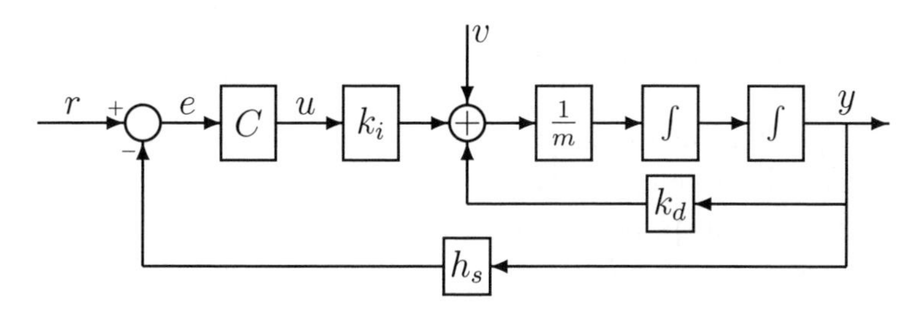

Figura 3.11: Controle em malha fechada

A primeira estratégia de controle normalmente tentada é o controlador proporcional, ou P, que gera uma ação u diretamente proporcional ao erro: $u = k_p e$. Esta é uma solução simples e fácil de implementar e que muitas vezes funciona com sucesso, mas neste caso do PLS, infelizmente, falhará. Para estabilizar a esfera, será necessário um controle mais sofisticado, como o fornecido por um dispositivo proporcional derivativo — PD — cuja ação, mais poderosa, depende do erro e de sua derivada: $u = k_p e + \tau_d \dot{e}$, como se vê na figura 3.12.

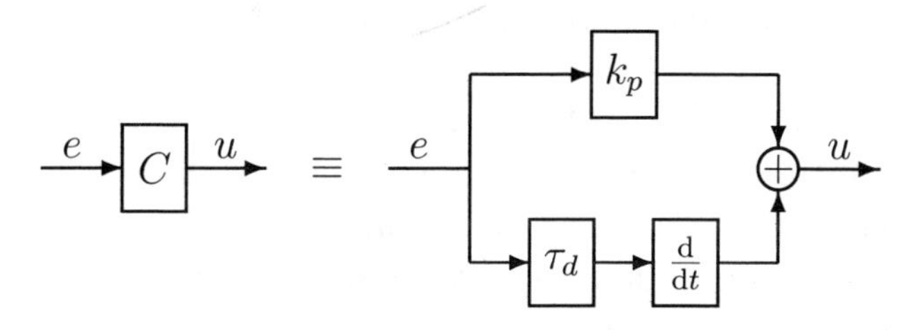

Figura 3.12: Controlador PD

A teoria clássica mostra vários métodos que permitem "sintonizar" um PD, ou seja, calcular valores dos parâmetros k_p e τ_d com capacidade de estabilizar o sistema global. Para mais detalhes, referências listadas na seção 3.8.1. Quando, além da estabilidade global, outras especificações são exigidas, o compensador PD pode não ser satisfatório, como se verá em breve.

Efeitos do controlador PD no PLS

Por ser o modelo usado linear e invariante no tempo, a determinação do desempenho resultante da introdução de um compensador PD na malha de controle pode ser feita por métodos analíticos tradicionais, ou então por meio de simulações numéricas. Para o que segue, lembrar que um sinal com valor constante para todos os instantes $t \geq 0$ e nulo para $t < 0$ recebe o nome de **degrau.** Verificar-se-ia que o projeto com PD:

- é capaz de satisfazer o requisito de estabilidade (saídas tendem a zero para referências e distúrbios nulos e condições iniciais não nulas),
- não rastreia degraus na referência r com acuidade (saídas resultantes são constantes como as entradas, mas com valores diferentes),
- não rejeita degraus de distúrbios.

Mas ... tem mais!! Ainda se poderia verificar que há nesta montagem com controlador PD um comportamento global correspondente ao de uma suspensão mecânica tradicional, tipo massa-mola-amortecedor, como ilustrado na figura 3.13. Na análise detalhada a seguir mostra-se, entre outras coisas, como relacionar as constantes de projeto k_p e τ_d aos parâmetros mecânicos K e B

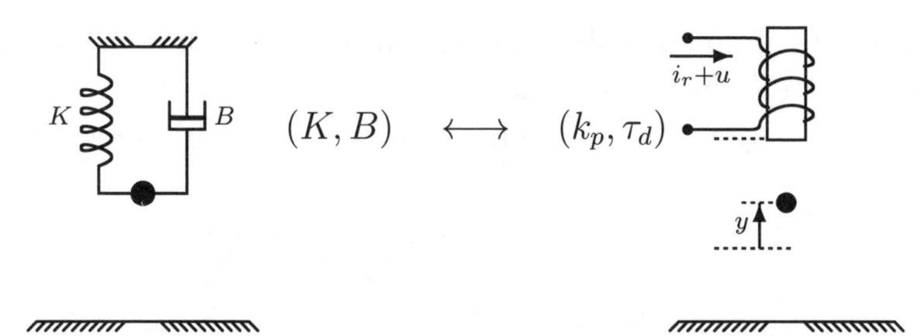

Figura 3.13: Estabilização do PLS via controlador PD corresponde a uma suspensão mecânica tradicional com molas elásticas e amortecedores viscosos.

Como age o controlador Proporcional Derivativo

Para um estudo mais profundo do controlador PD no PLS, é necessário levar em conta as funções de transferência dos sistemas e subsistemas envolvidos. O efeito proporcional e derivativo do controlador ($u = k_p e + \tau_d \dot{e}$) pode ser descrito por uma função de transferência $C(s) = k_p + \tau_d s$ e o diagrama a que se chegaria, após uma montagem conectando este PD à dinâmica do sistema, é visto na figura 3.14.

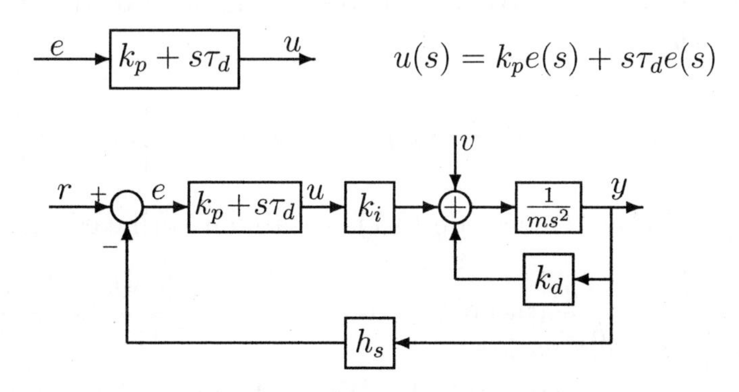

Figura 3.14: Diagrama com funções de transferência

Um desenvolvimento simples levaria à função de transferência de comando, aquela que relaciona a entrada de comando r com a saída controlada y, supondo que não há distúrbios ($v = 0$). O resultado é

$$y(s) = T^c(s)r(s) = K_T \frac{s+z}{s^2 + as + b} r(s) \tag{3.6}$$

em que os parâmetros indicados (o ganho, o zero e os coeficientes do polinômio denominador) valem

$$K_T = \frac{k_i \tau_d}{m}, \qquad z = \frac{k_p}{\tau_d}, \qquad a = \frac{h_s k_i \tau_d}{m}, \qquad b = \frac{h_s k_i k_p - k_d}{m}. \tag{3.7}$$

Estas caracterizações de parâmetros permitem explicar e justificar as afirmações anteriores sobre estabilidade, rastreamento e correspondência com molas e amortecedores.

Sistemas lineares e invariantes no tempo são estáveis quando os polos de suas funções de transferência têm partes reais negativas. Os (dois) polos de $T^c(s)$ são as raízes de seu denominador, o polinômio característico, e dependem dos coeficientes a e b, por (3.6). Se estes reais puderem ser livremente escolhidos haverá liberdade na escolha dos polos e a estabilidade poderá ser assegurada. Desejando $T^c(s)$ com polos p_1 e p_2, os coeficientes devem ser tais que $p_1 + p_2 = -a$ e $p_1 p_2 = b$.

$$\text{polos de } T^c(s) \text{ são } p_1, p_2 \qquad \Longleftrightarrow \qquad \begin{cases} a = -(p_1 + p_2) \\ b = p_1 p_2 \end{cases}$$

Usando as relações de (3.7), seria fácil verificar que as escolhas

$$\tau_d = \frac{ma}{h_s k_i} = \frac{-m}{h_s k_i}(p_1 + p_2) \qquad \text{e} \qquad k_p = \frac{k_d + mb}{h_s k_i} = \frac{k_d + m p_1 p_2}{h_s k_i}$$

levam os polos aos locais desejados. Assim se demonstra que há uma correspondência biunívoca entre os coeficientes a e b e os parâmetros k_p

e τ_d do compensador. Em outras palavras, é sempre possível projetar um PD capaz de alocar livremente os coeficientes do polinômio característico da malha fechada e, em consequência, os seus polos. Note-se, mais uma vez, que os polos selecionados p_1 e p_2 devem ter partes reais negativas para estabilizar a montagem (e garantir $\tau_d > 0$).

Além de se responsabilizar pela estabilidade, o poder de escolha de polos permite influir na velocidade e no transitório da resposta do sistema global. Deve-se notar que a seleção de polos muito rápidos exige o uso de ganhos muito elevados e provavelmente impraticáveis. O zero $-z$ de $T^c(s)$ também depende dos parâmetros do compensador PD. Um projeto onde um dos polos escolhido seja igual a este zero é interessante pois transforma a malha fechada em um sistema de primeira ordem; tal cancelamento é aceitável pois se realiza na parte "permitida" do plano complexo, a metade esquerda.

A filosofia do projeto acima é: conhecendo os polos que se deseja impor à função de transferência $T^c(s)$, o compensador PD é determinado. Há outros procedimentos possíveis. A parte esquerda da figura 3.13 representa um sistema massa-mola-amortecedor, modelo padrão para uma suspensão mecânica tradicional. É bastante comum especificar o desempenho destas suspensões atribuindo valores à elasticidade K e ao amortecimento B. Como o polinômio característico de um destes sistemas é dado por $s^2 + (B/m)s + (K/m)$ a dedução vem:

$$\text{suspensão caracterizada por } K \text{ e } B \qquad \Longleftrightarrow \qquad \begin{cases} a = B/m \\ b = K/m \end{cases}$$

de onde se verifica que

$$\tau_d = \frac{ma}{h_s k_i} = \frac{B}{h_s k_i} \qquad \text{e} \qquad k_p = \frac{k_d + mb}{h_s k_i} = \frac{k_d + K}{h_s k_i}$$

mostrando que há agora uma relação biunívoca entre K e B e os parâmetros k_p e τ_d do compensador. Ou seja, é possível encarar um controle via PD como uma **suspensão eletrônica.**

Controlador PD: rastreamento e rejeição

A estabilização é essencial no PLS; ela pode ser associada ao rastreamento de referências nulas. Para estudar o rastreamento de degraus de referência não nulos, seja novamente $v(s) = 0$ na figura 3.14, e agora $r(t) = r^0 1(t)$ denotando um degrau de amplitude r^0, com transformada de Laplace $r(s) = r^0/s$. Como $y(s) = T^c(s)r(s)$, é possível, usando o conhecido Teorema do Valor Final, calcular o valor de regime da variável $y(t)$:

$$y_{reg} = \lim_{t \to \infty} y(t) = \lim_{s \to 0} sT^c(s)r(s) = \cdots = \frac{r^0 k_i k_p}{h_s k_i k_p - k_d} \tag{3.8}$$

A pergunta é: $y_{reg} = r^0$ como se desejaria? Em geral não; para isso seria necessário atribuir a k_p um valor muito particular que poderia prejudicar a estabilização. Mas $y(t)$ tende para um valor constante! Isto explica a pouca acuidade do rastreamento, já mencionada.

Para estudar a influência dos distúrbios, deve-se obter a função de transferência de distúrbios, que relaciona a entrada v com a saída controlada y, quando não há referência: $y(s) = T^v(s)v(s)$ para $r(s) = 0$. Análise do diagrama da figura 3.14 leva a

$$T^v(s) = \frac{1}{m} \frac{1}{s^2 + as + b} \tag{3.9}$$

em que os coeficientes a e b do polinômio característico são como antes. A influência de distúrbios constantes ($v(t) = v^0 1(t)$ ou $v(s) = v^0/s$) nos valores de regime — chamada de IDVR — pode ser avaliada pelo comportamento da varíável $y(t)$ quando $t \to \infty$:

$$\text{IDVR} = \lim_{t \to \infty} y(t) = \lim_{s \to 0} sT^v(s)v(s) = \frac{v^0}{h_s k_i k_p - k_d} \tag{3.10}$$

E a pergunta agora é: IDVR $= 0$? A resposta é não, significando que distúrbios constantes afetam os valores de regime!!! Esta influência, como se vê em (3.10), pode ser minorada se o valor do parâmetro

k_p do compensador aumentar, mas isto pode prejudicar a estabilidade, o desempenho e aumentar ruídos. Para entender como rejeitar completamente distúrbios constantes, ou seja, anular seus efeitos em regime, a função de transferência $T^v(s)$ deve ser analisada com mais detalhes; uma nova visita ao diagrama da figura 3.14, agora com uma função de transferência $C(s)$ genérica como controlador, em lugar do PD, revelaria

$$T^v(s) = \frac{1}{ms^2 - k_d + h_s k_i C(s)}$$

e

$$\text{IDVR} = \lim_{s \to 0} sT^v(s)v(s) = \frac{v^0}{h_s k_i C(0) - k_d}$$

de onde se conclui que

$$\text{IDVR} = 0 \Longleftrightarrow C(0) = \infty.$$

Para que $C(0) = \infty$, o denominador de $C(s)$ deve se anular em $s = 0$, e para isto $C(s)$ deve ter um polo na origem ou, equivalentemente, deve apresentar ação integradora, algo inexistente nos controladores PD. Assim, o desejo ou a necessidade de se rejeitar distúrbios constantes requer a busca de controladores ainda mais sofisticados do que os proporcionais e derivativos.

3.3.3 Controles com ação integradora e outros

Seja novamente o diagrama de blocos para o PLS, redesenhado na figura 3.15 com um controlador genérico representado pela função de transferência $C(s)$. Conforme detalhado no parágrafo acima, para haver rejeição de distúrbios constantes é necessário haver ação integradora na malha e esta ação deve ser fornecida pelo controlador! A hipótese mais simples a ser tentada é a de um integrador puro: $C(s) = 1/(\tau_i s)$. Uma análise trivial, omitida nestas linhas, revelaria que o sistema global seria instável para qualquer valor do parâmetro τ_i, pena.

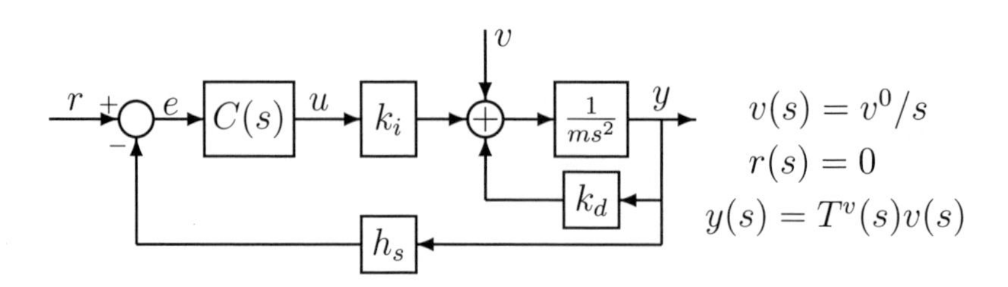

Figura 3.15: Diagrama de blocos detalhado

Um controlador menos simplório envolveria uma ação proprocional conjunta à ação integradora, é o chamado controlador PI: $C(s) = k_p + 1/\tau_i s$. Há agora dois parâmetros à disposição do projetista. Uma análise do polinômio característico do sistema resultante é menos trivial, mas pode ser feita com técnicas clássicas e revelaria que também este caso leva à instabilidade... Uma solução bastante completa mostra um controlador com três efeitos simultâneos: proporcional, integrador e derivativo, o famoso PID, visualizado na figura 3.16.

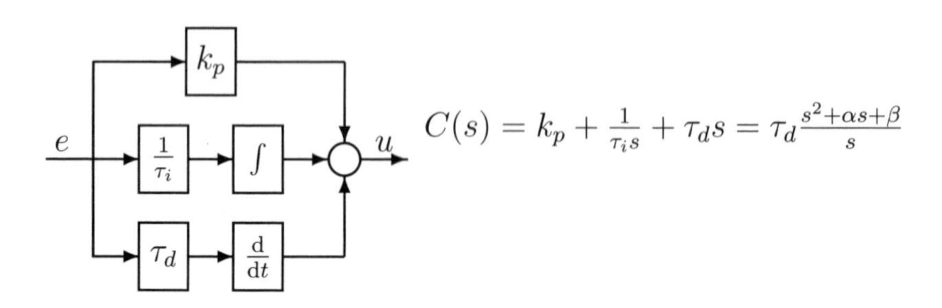

Figura 3.16: Controlador PID, com tripla ação

Este componente, com três parâmetros manejáveis pelo projetista, é poderoso o suficiente para estabilizar a montagem, e como ele tem ação integradora, os distúrbios constantes serão rejeitados, em regime. Degraus de referência continuarão a ser rastreados, e agora com erros de regime nulos, em mais um bônus da ação integradora. Talvez o PID afete um pouco a resposta transitória, tornando-a menos rápida e mais oscilante que no caso PD anterior, mas estes possíveis inconvenientes devem ser relevados, em vista das vantagens mostradas.

Sintonizar um PID significa encontrar valores para os parâmetros livres τ_i, τ_d e k_p capazes de garantir o desempenho desejado. Esta tarefa, bem descrita na maioria dos textos de controle (seção 3.8.1), pode ser trabalhosa e envolver procedimentos de tentativa e erro. Nos exercícios do final deste capítulo, os leitores terão oportunidade de encará-la.

Distúrbios de outros tipos não se aplicam muito à levitação simples estudada nestas seções, mas mesmo assim um particular caso será visto, pela sua aplicabilidade e importância no caso de mancais magnéticos (MMs). Relembrando o capítulo 2, o desbalanceamento de rotores pode causar nos mancais distúrbios representados por forças que variam harmonicamente. Deste modo, para preparar terreno futuro, a figura 3.15 é novamente convocada, mas agora os distúrbios são periódicos:

$$v(t) = v^0 \operatorname{sen}(\omega t); \qquad v(s) = \frac{v^0 \omega}{(s^2 + \omega^2)}; \qquad r(s) = 0.$$

A função de transferência de distúrbios, em função de um controlador não especificado $C(s)$, é

$$T^v(s) = \frac{1}{ms^2 - k_d + h_s k_i C(s)}$$

e a saída $y(t)$ após os transitórios desaparecerem, designada por $y_{reg}(t)$, será também uma senoide, com a mesma frequência do distúrbio mas com amplitude e fase alteradas. Maiores detalhes decorrem do teorema clássico da resposta em frequência de sistemas lineares e invariantes no tempo:

$$y_{reg}(t) = y(t) \text{ após transitórios} \cdots = \alpha v^0 \operatorname{sen}(\omega t + \phi),$$

onde $\alpha = \alpha(\omega)$ é o ganho (normalmente atenuação) da amplitude dado pelo módulo $\alpha(\omega) = |T^v(j\omega)|$ e $\phi = \phi(\omega)$ é a alteração (geralmente atraso) de fase dada por $\phi(\omega) = \angle(T^v(j\omega))$. Fica claro que, para anular os efeitos de distúrbios harmônicos na saída, é necessário que $y_{reg}(t) = 0 \; \forall t$ ou, equivalentemente, $T^d(j\omega) = 0$, o que se conseguirá com

$$C(j\omega) = \infty \iff s^2 + \omega^2 \text{ no denominador.}$$

Assim, para haver uma completa rejeição de sinais senoidais, o controlador $C(s)$ deve conter uma cópia perfeita da dinâmica que se quer rejeitar. Além desta restrição imposta ao controlador, ele deve ainda manter a estabilidade e os comportamentos de rastreamento de degraus, não é fácil! Os projetos baseados nesta estratégia apresentam faixas de trabalho muito estreitas, ou seja, quando a frequência do distúrbio real não é exatamente o ω usado em $C(s)$, mas um valor próximo, a rejeição pode se perder totalmente. Estes aspectos complicadores obrigam, muitas vezes, à busca de outros métodos de rejeição de distúrbios harmônicos.

3.3.4 Exemplo

A figura 3.17 representa a situação básica do PLS para um compensador $C(s)$; os dados numéricos, usando unidades no sistema SI, são: $m = 3{,}16$; $h_s = 5000$; $k_i = 158$ e $k_d = 1{,}58 \times 10^6$.

Para um controlador PD da forma $C(s) = k_p + \tau_d s$, as equações (3.6) e (3.7) levam à seguinte função de transferência de malha fechada:

$$T^c(s) = (50\tau_d)\frac{s + k_p/\tau_d}{s^2 + 250000\tau_d s + 250000(k_p - 2)} = K_c\frac{n_c(s)}{d_c(s)}$$

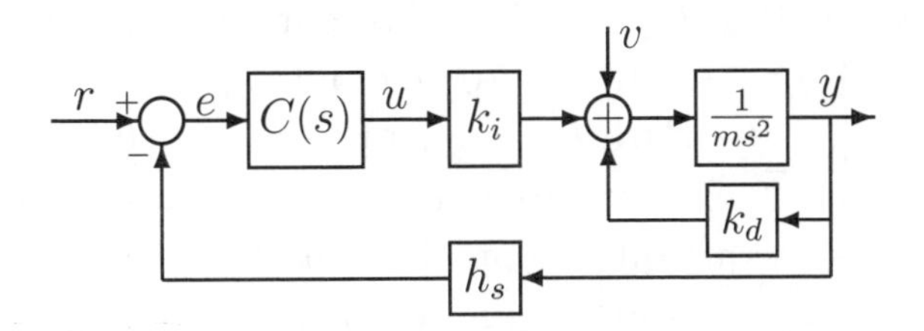

Figura 3.17: Exemplo numérico

Se, por exemplo, se quiser um controle para simular uma suspensão mecânica com elasticidade K e amortecimento viscoso B, o denominador $d_c(s)$ deve ser igualado a $s^2 + (B/m)s + (K/m)$, o polinômio característico correspondente. Os valores de projeto do PD, após efetuadas as contas, seriam $\tau_d = 1{,}27 \times 10^{-6}B$ e $k_p = 2 + 1{,}27 \times 10^{-6}K$; haveria um zero colocado em $z = k_p/\tau_d = (k_d + K)/B$.

Há outras maneiras de encaminhar o projeto e, em todas elas, deve-se primeiro garantir a estabilidade. Para isso, as raízes de denominador de $T^c(s)$ devem estar no semiplano esquerdo aberto do plano complexo $\mathbb{C}$ ou, em outras palavras, devem ter partes reais negativas. Critérios clássicos, como por exemplo o de Hurwitz, ou o de Routh, são usados para descobrir que valores os coeficientes de um polinômio devem assumir para assegurar suas raízes com esta localização segura; no caso deste exemplo isso se consegue desde que $\tau_d > 0$ e $k_p > 2$. Dois polos para a função de transferência da malha fechada seriam então selecionados e os parâmetros do PD determinados. A escolha de $T^c(s)$ com dois polos em -500 leva a $k_p = 3$ e $\tau_d = 0{,}004$ e um zero em -750.

Uma estratégia interessante é a de exigir que um dos polos escolhidos para $T^c(s)$ cancele o seu zero, tornando de primeira ordem o comportamento da malha fechada; deve-se frizar que cancelamentos são factíveis apenas quando ocorrem no lado estável, o esquerdo, de $\mathbb{C}$. Deste modo, obrigando $d_c(s)$ a se anular no valor do zero, $-k_p/\tau_d$, chega-se a $k_p = 500\sqrt{2}\tau_d \approx 707\tau_d$. Isto garante um zero e um polo de $T^c(s)$ em $-k_p/\tau_d = -500\sqrt{2} \approx 707$ e o outro polo (às contas, leitores!) em $-250\sqrt{2}(k_p - 2)$. Para $k_p = 4$ virá $\tau_d = 0{,}00566$ e o polo restante estará em $-500\sqrt{2}$, exatamente onde houve o cancelamento. É preciso observar que, sem qualquer controle, a malha aberta é caracterizada pelos polos $\pm\sqrt{k_d/m} \approx \pm 707$ o que mostra que o projeto do PD cancelante, pelo menos para este exemplo, leva a uma dinâmica de malha fechada reduzida e idêntica à de malha aberta, sem a instabilidade.

Para este projeto, com $k_p = 4$ e $\tau_d = 0{,}00566$, a equação (3.10) permite calcular a influência de um distúrbio de intensidade constante v^0 nos valores de regime: IDVR $= 0{,}6v^0 \times 10^{-6}$. Apesar de não nulo, pois não há ação integradora em $C(s)$, este é um valor bastante baixo e bom. O desempenho transitório é modelado por um sistema de primeira ordem com constante de tempo $\tau = 1/\sqrt{kd/m} \approx 1{,}4 \times 10^{-3}$ segundos, significando que $y(t)$ tenderá a zero com muita rapidez. Estas são ótimas perspectivas para o projeto, e simulações numéricas comprovam estes excelentes comportamentos. Mas há um ponto problemático escondido. Usando estas simulações, como se espera que os leitores façam, a magnitude de $u(t)$ é preocupante. Para uma condição inicial de 1cm a corrente u apresenta pico de $\approx$ 200A o que pode ser difícil de se obter com os atuadores mais tradicionais.

É fácil pensar em um outro ataque, no qual novamente se exige cancelamento, mas agora o polo extra é colocado em $-5\sqrt{2}$, mais lento 100 vezes que o anterior, resultando em: $k_p = 2{,}01$ e $\tau_d = 0{,}00284$. Apesar de mais lenta, a convergência ainda se dá em menos de 2 segundos e a corrente máxima, para condição inicial de 1cm, baixa para $\approx$ 100A.

Para compensadores $C(s)$ mais sofisticados, como por exemplo os PIDs ou os rejeitadores de distúrbios harmônicos, pode-se seguir filosofias de projeto análogas às acima descritas, mas as peripécias analíticas são mais densas e intrincadas e muitas vezes é necessário o uso de variáveis de estado, ou então de ferramentas não revistas aqui, como por exemplo o método do Lugar da Raízes ou o de Resposta em Frequência. Nos exercícios deste capítulo, e no Apêndice A, algumas dessas situações são tratadas.

3.4 Variáveis de estado no PLS

Sistemas lineares e invariantes no tempo também podem ser descritos no espaço de estados, além de por funções de transferência. O primeiro passo é a escolha das variáveis de estado, seguido pelo estabelecimento das equações diferenciais relacionando estas variáveis com as entradas e saídas do sistema, que formam as chamadas **Equações Dinâmicas.** Na figura 3.18 o diagrama principal do DEMA é apresentado novamente, e para ele é feita a escolha mais usual, associando as variáveis de estado à variável de saída e suas derivadas: $x_1(t) = y(t)$, $x_2(t) = \dot{y}(t)$, ... etc.

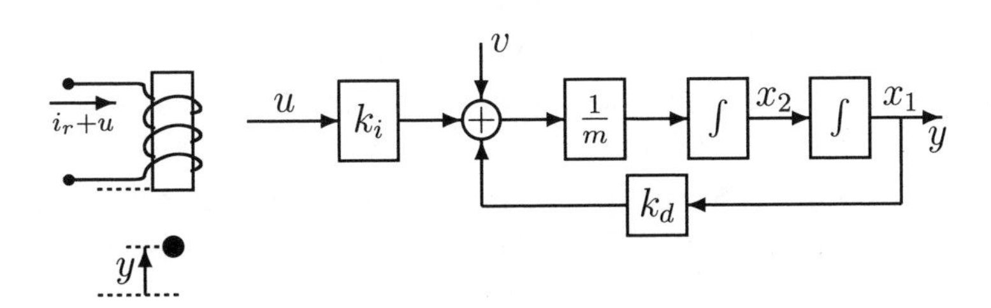

Figura 3.18: Variáveis de estado para o DEMA

A dimensão do sistema é 2, logo há apenas duas variáveis de estado, e é fácil perceber, a partir de como elas são definidas, que

$$\dot{x}_1 = \dot{y} = x_2 \qquad \text{e} \qquad \dot{x}_2 = \frac{1}{m}(k_d x_1 + k_i u + v).$$

A notação matricial para equações escalares como estas é sempre muito cômoda e conveniente:

$$\begin{bmatrix} \dot{x}_1 \\ \dot{x}_2 \end{bmatrix} = \begin{bmatrix} 0 & 1 \\ \frac{k_d}{m} & 0 \end{bmatrix} \begin{bmatrix} x_1 \\ x_2 \end{bmatrix} + \begin{bmatrix} 0 \\ \frac{k_i}{m} \end{bmatrix} u + \begin{bmatrix} 0 \\ \frac{1}{m} \end{bmatrix} v.$$

Designando por $\boldsymbol{x}$ o estado definido pelo vetor $[x_1 \ \ x_2]^T$ e por A, B, E as matrizes acima chega-se a uma expressão geral para as Equações Dinâmicas, a seguir:

$$\dot{\boldsymbol{x}}(t) = A\boldsymbol{x}(t) + Bu + Ev. \tag{3.11}$$

Esta é a equação de estado, uma relação diferencial, de primeira ordem e com coeficientes matriciais, entre a variável vetorial $\boldsymbol{x}$ e as entradas de controle u e de distúrbio v. Sendo $C = [1 \ \ 0]$, pode-se escrever a equação de saída:

$$y(t) = C\boldsymbol{x}(t). \tag{3.12}$$

Na década de 50 do século XX, descobriu-se que a solução de alguns problemas de Controle Ótimo requeria **realimentação de estado,** ou seja, o uso de uma combinação linear das variáveis de estado como entrada do sistema. Talvez este tenha sido o primeiro indício da importância de se realimentar os estados, pois notou-se que tudo o que se fazia realimentando saídas também se conseguia fazer usando os estados, mas o caminho inverso era falso.

O ápice dos desenvolvimentos foi a descoberta da conexão entre controlabilidade do sistema — uma condição suave, pouco restritiva — e a possibilidade de alocação arbitrária dos autovalores, o que significa liberdade quase total na escolha do comportamento dinâmico a ser imposto via controle.

Desde esse ponto, a realimentação de estados passou a ser reconhecida como uma ferramenta extremamente poderosa, cujo uso deve ser tentado não apenas em problemas de otimização, mas em qualquer instância onde se deseja mudar as características de um sistema, ou, usando outras palavras, em qualquer situação onde o Controle de um sistema se faça necessário.

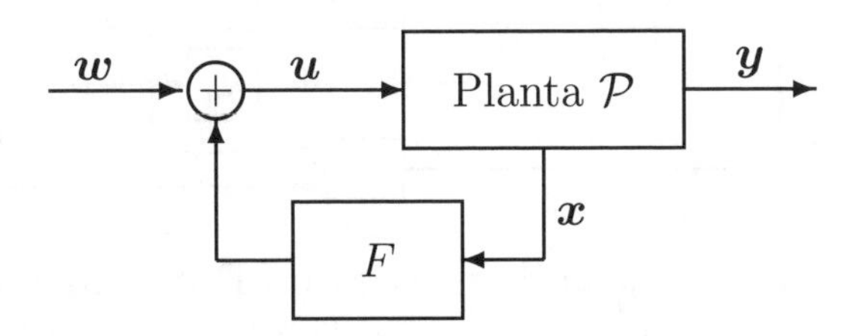

Figura 3.19: Realimentação de estados: a entrada $\boldsymbol{u}$ da planta $\mathcal{P}$ é a soma de um sinal externo $\boldsymbol{w}$ com uma combinação linear das variáveis de estado.

Na figura 3.19, é exibida a estrutura básica da realimentação de estados: a entrada $\boldsymbol{u}$ do sistema que se quer controlar, a planta $\mathcal{P}$, é obtida somando-se a um sinal externo $\boldsymbol{w}$ uma combinação linear das variáveis de estado. A expressão $\boldsymbol{u} = F\boldsymbol{x} + \boldsymbol{w}$ sintetiza as ações, sendo chamada de lei de controle por realimentação de estado.

A ação básica dos controles por realimentação da saída y já empregados no PLS é, como já visto, a estabilização. Hora de verificar o comportamento das **realimentações do estado $\boldsymbol{x}$.** Pelos comentários acima, esta é a ferramenta de síntese mais poderosa e geral, desde que se tenha acesso a todas as variáveis de estado x_i; como no PLS o estado tem apenas duas componentes — a posição x_1 e sua derivada, a velocidade x_2 — a lei de controle é

$$
\begin{aligned}
u &= f_1 x_1 + f_2 x_2 + w \qquad (3.13)\\
&= [f_1 \;\; f_2]\boldsymbol{x} + r = F\boldsymbol{x} + w. \qquad (3.14)
\end{aligned}
$$

O diagrama de blocos na figura 3.20, uma particularização para o

PLS daquele mostrado na figura 3.19, descreve a situação.

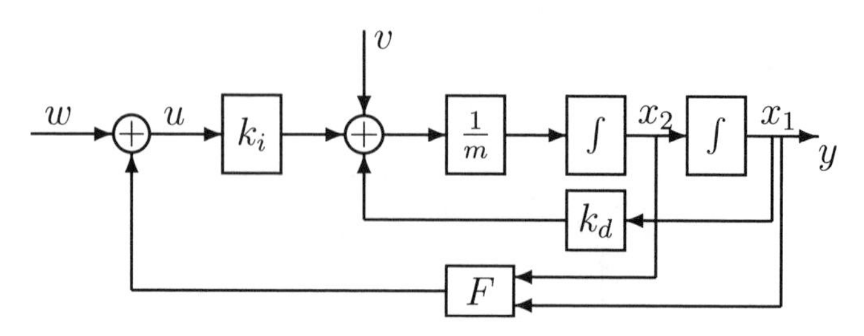

Figura 3.20: Realimentação de estados no PLS: uma combinação linear das variáveis x_1 (posição) e x_2 (velocidade) é usada para obter a entrada da planta.

Usando a lei (3.14) na equação de estado em (3.11), e notando que no PLS os sinais de entrada, de distúrbio e externo são escalares, vem

$$\dot{\boldsymbol{x}}(t) = A\boldsymbol{x}(t) + B(F\boldsymbol{x}(t) + w) + Ev \tag{3.15}$$

$$= (A + BF)\boldsymbol{x}(t) + Bw + Ev \tag{3.16}$$

O estudo clássico das teorias de realimentação de estados mostra que, para uma classe ampla, importante e pouco restritiva de casos (plantas controláveis), é possível escolher arbitrariamente os autovalores da matriz $A + BF$, colocando-os em quaisquer posições desejadas pelos projetistas. Como os aspectos dinâmicos importantes de um sistema, como estabilidade, desempenho transitório e outros, são descritos por esses autovalores, percebe-se a importância capital da realimentação de estados.

O problema de encontrar efetivamente uma matriz F estabilizante é bastante conhecido, tanto do ponto de vista teórico como do prático e não será revisto neste texto. Referências mais detalhadas podem ser encontradas na seção 3.8.1; basta saber que há muitos métodos para se determinar uma matriz F capaz de alocar convenientemente os autovalores da malha fechada $A + BF$, e com isto estabilizar, além de também otimizar o desempenho global, minimizando índices de custo. É importante frizar este aspecto: a realimentação permite, de modo simples, a **estabilização ótima** de sistemas.

O formalismo singelo de uma lei de controle por realimentação de estados traz camuflado em si algo talvez inesperado, como se percebe na seguinte sequência de operações, válida para o PLS:

- encontrar $F = [f_1 \ \ f_2]$ tal que $A + BF$ seja estável e ótimo;
- escolher um real qualquer $\gamma > 0$ e obter $\beta = -f_1/\gamma$ e $\alpha = -f_2/\gamma$;
- sendo r um sinal de referência a ser rastreado por y, encontrar a entrada externa w tal que $\alpha\dot{r} + \beta r = w$;
- partir de $u = F\boldsymbol{x} + w = f_1 x_1 + f_2 x_2 + w$ e efetuar as substituições
- $u = -\beta\gamma x_1 - \alpha\gamma x_2 + w = -\beta\gamma y - \alpha\gamma\dot{y} + \alpha\dot{r} + \beta r$
- $u = \beta(r - \gamma y) + \alpha(\dot{r} - \gamma\dot{y})$;
- como $\gamma > 0$ é arbitrário, o sinal $r - \gamma y$ pode ser associado ao erro de rastreamento $e = r - y$;
- $r - \gamma y = e \quad \Longrightarrow \quad u = \alpha e + \beta\dot{e}$;
- chamando $\alpha = k_p$ e $\beta = \tau_d$: .... é o PD!

Uma realimentação de estados, pelo menos no caso do PLS, pode ter o mesmo efeito de um compensador proporcional-derivativo. Aos métodos clássicos de se sintonizar PDs podem ser adicionados todos os métodos mais modernos de estabilizar, de maneira otimizada ou não, por meio de realimentação de estados. Os projetistas agradecem por esta fartura de opções.

3.4.1 Adição de dinâmica

A pergunta inevitável, neste ponto, é: como conseguir outros efeitos poderosos com realimentação de estados? É possível reproduzir o comportamento de compensadores tipo PI e/ou PID? A resposta pode ser obtida com o conceito de **adição de dinâmica.**

Considere novamente o PLS. A figura 3.21 mostra seu diagrama de blocos, com entrada u e saída y. Um transdutor h_s é adicionado para medir a saída y; o resultado é comparado com a referência a ser rastreada r, gerando um sinal de erro que é integrado, fornecendo uma **variável de estado adicional** que se juntará às variáveis originais.

Neste sistema expandido, agora com três variáveis de estado, se trabalhará. A nova variável será designada por x_1, e a saída y e sua derivada serão x_2 e x_3. O referido diagrama 3.21 deixa claro que $\dot{x}_1 = r - h_s x_2$, $\dot{x}_2 = x_3$ e $\dot{x}_3 = (1/m)[k_d x_2 + k_i u + v]$.

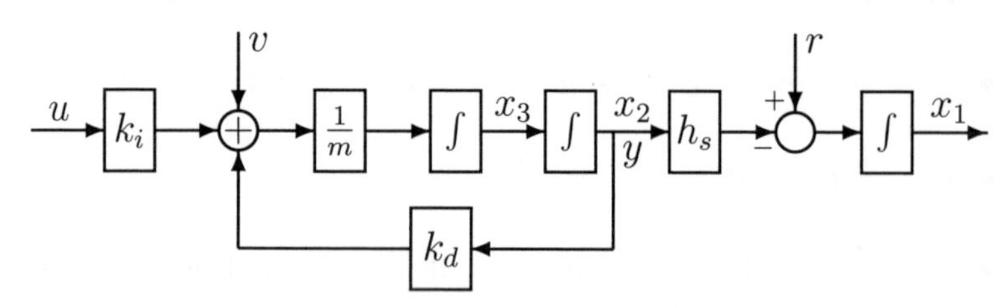

Figura 3.21: Adição de dinâmica a um DEMA

As equações diferenciais envolvendo as variáveis podem ser montadas no formato matricial definindo o vetor de estados $\boldsymbol{x} = [x_1\ x_2\ x_3]^T$, levando a:

$$\dot{\boldsymbol{x}} = A\boldsymbol{x} + Bu + Ev + Gr,$$

para matrizes A, B, E e G facilmente determináveis, como se mostra no exemplo da seção 3.4.2, a seguir. A tarefa de estabilizar este modelo por meio de uma lei

$$u = F\boldsymbol{x} + w = f_1 x_1 + f_2 x_2 + f_3 x_3 + w$$

é simples, mesmo com a dimensão aumentada. Desde que bem projetada, esta lei de controle por realimentação de estados estabiliza, e até de maneira ótima, mas seria ela capaz de rastrear referências r e rejeitar distúrbios (constantes) v? Para o sistema expandido, considerar as seguintes operações:

- achar $F = [f_1 \ f_2 \ f_3]$ tal que $A + BF$ seja estável e ótimo;
- fazer $\alpha = -f_2/h_s, \quad \beta = -f_3/h_s$;
- encontrar a entrada externa $w = \beta\dot{r} + \alpha r$;
- partir de $u = F\boldsymbol{x} + w = f_1 x_1 + f_2 x_2 + f_3 x_3 + w$ e efetuar as substituições
- $u = f_1 x_1 - \alpha h_s y - \beta h_s \dot{y} + \beta\dot{r} + \alpha r$
- $u = \alpha(r - h_s y) + \beta(\dot{r} - h_s\dot{y}) + f_1 \int(r - h_s y)$;
- como o sinal $r - h_s y$ é o erro de rastreamento e:
- $u = \alpha e + \beta\dot{e} + f_1 \int e$;
- chamando $\alpha = k_p$, $\beta = \tau_d$ e $f_1 = 1/\tau_i$: .... isto é o PID!

Leis de controle por realimentação de estados, quando combinadas com adição de um simples integrador permitem, pelo menos no PLS, estabilizar, rastrear, rejeitar degraus e ainda otimizar. Para dinâmicas adicionais mais elaboradas, pode-se pensar em rastrear e rejeitar sinais mais ricos que degraus.

3.4.2 Exemplo, de novo

Seja novamente o PLS ilustrado na figura 3.17 da seção 3.3.4, em que vários aspectos de projeto de controladores PD foram discutidos. A ênfase agora é em controladores PID projetados no espaço de estados O primeiro passo é analisar o diagrama da figura 3.21, o que leva às equações $\dot{x}_1 = r - h_s x_2$, $\dot{x}_2 = x_3$ e $\dot{x}_3 = (1/m)(v + k_i u + k_d x_2)$ que podem ser montadas matricialmente como $\dot{\boldsymbol{x}} = A\boldsymbol{x} + Bu + Ev + Gr$ em que:

$$A = \begin{bmatrix} 0 & -h_s & 0 \\ 0 & 0 & 1 \\ 0 & \frac{k_d}{m} & 0 \end{bmatrix}; \ B = \begin{bmatrix} 0 \\ 0 \\ \frac{k_i}{m} \end{bmatrix}; \ E = \begin{bmatrix} 0 \\ 0 \\ \frac{1}{m} \end{bmatrix}; \ G = \begin{bmatrix} 1 \\ 0 \\ 0 \end{bmatrix}. \quad (3.17)$$

Os autovalores de A são 0 e $\pm\sqrt{(k_d/m)}$ ou seja, adicionou-se à dinâmica original do sistema um integrador. Conforme visto acima, estabilizar este sistema expandido por meio de realimentação de estados do tipo $u = F\boldsymbol{x}$ equivale a aplicar um controlador PID. Supondo que se desejam os três autovalores da malha fechada em -500, os leitores são convidados a verificar que a matriz linha $F = [500 \quad -25000 \quad -30]$ faz o serviço.

3.5 Levitação, DEMAs e MMs

É sempre bom lembrar que a levitação magnética recordada nas seções anteriores é algo relativamente simples, e que seu estudo detalhado se justifica pois pode ajudar muito em casos mais complicados, como os dos mancais magnéticos (MMs) e ainda os dos motores mancais magnéticos (MMMs).

O estudo destas outras situações pode começar notando que DEMAs geram apenas forças atrativas, e podem posicionar corpos verticalmente, como no PLS, pois a gravidade ajuda ao fornecer uma ação constante (o peso) que deve ser equilibrada pela força magnética. Para controlar a posição de um corpo em uma linha de um plano horizontal, dois DEMAs são necessários, conforme ilustração na figura 3.22.

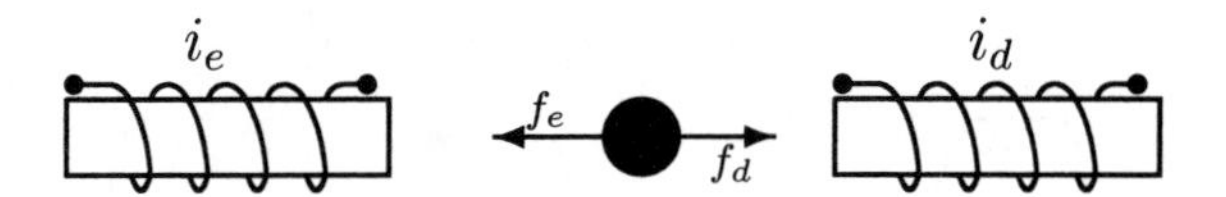

Figura 3.22: Posicionamento horizontal por DEMAs

Para entender o funcionamento desta montagem, é preciso aplicar os conceitos de geração de forças de relutância, como visto na seção 1.5.3 deste livro. O diagrama mais detalhado da figura 3.23 será usado.

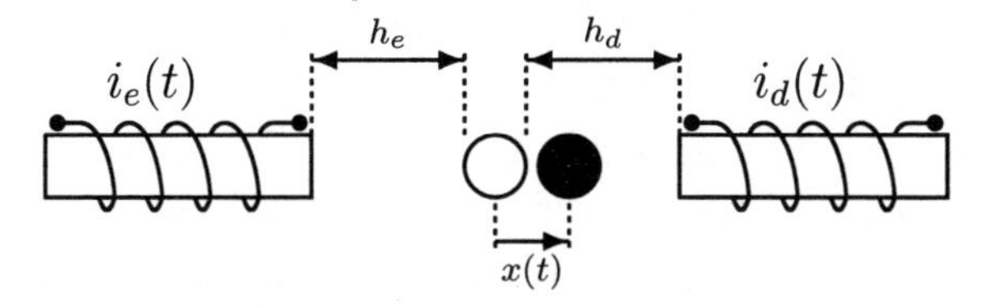

Figura 3.23: DEMAs no posicionamento horizontal

Supondo que a posição de equilíbrio dista h_e e h_d dos DEMAs da esquerda e da direita, as forças de relutância são modeladas por

$$f_e(t) = -K_m \left(\frac{i_e(t)}{h_e + x(t)} \right)^2 \quad \text{e} \quad f_d(t) = K_m \left(\frac{i_d(t)}{h_d - x(t)} \right)^2$$

cuja resultante $f_x = f_e + f_d$ apresenta um formato bem pouco amigável: é pesadamente não linear e depende das 2 variáveis de controle i_e e i_d. Uma solução engenhosa para contornar esse inconveniente, já mostrada anteriormente na figura 1.17 da seção 1.7, é o chamado **Acionamento diferencial.** As correntes i_e e i_d são obtidas compondo uma corrente de base constante e uma corrente diferencial:

$$i_e(t) = i_E + i_x(t) \qquad \text{e} \qquad i_d(t) = i_D - i_x(t)$$

onde i_E e i_D são as correntes de base, constantes, e $i_x(t)$ é a corrente diferencial. As montagens elementares podem ser vistas na figura 3.24.

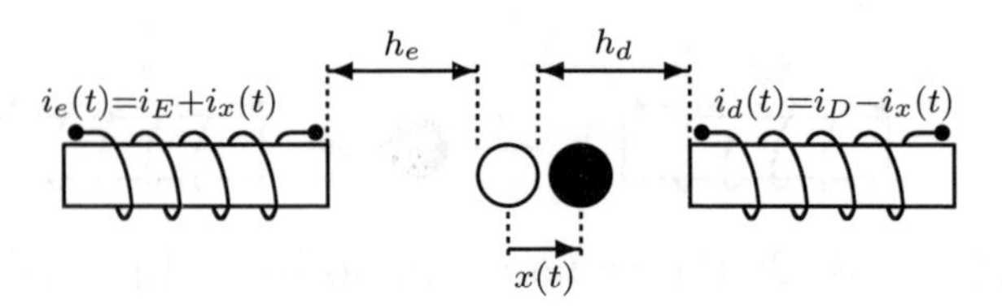

Figura 3.24: Acionamento diferencial

Os valores das correntes de base i_E e i_D podem ser determinados de modo a escolher o ponto de equilíbrio do corpo ou, em outras palavras, escolher os valores de h_e e h_d. Esta determinação é possível mesmo em presença de forças externas extras atuantes! Em geral, a escolha é $i_E = i_D = i_0$. A corrente diferencial $i_x(t)$ é a variável de controle que será usada para estabilizar, ou seja, fazer $x(t) \to 0$. A fórmula básica para as forças de relutância aplicada a esta situação leva a

$$f_e(t) = -K_m \left(\frac{i_E + i_x(t)}{h_e + x(t)} \right)^2 \qquad f_d(t) = K_m \left(\frac{i_D - i_x(t)}{h_d - x(t)} \right)^2$$

cuja resultante é dada por

$$f_x = f_d + f_e = K_m \left(\frac{i_D - i_x}{h_d - x} \right)^2 - K_m \left(\frac{i_E + i_x}{h_e + x} \right)^2 .$$

As grandezas $x(t)$ e $i_x(t)$ devem permanecer próximas de 0 sempre, de onde se conclui que a expressão acima pode ser linearizada, levando a $f_x(t) = k_d x(t) + k_i i_x(t)$, onde há apenas uma variável de controle, i_x. As constantes k_d e k_i dependem dos parâmetros físicos e são obtidas a partir de fórmulas análogas às vistas no caso dos DEMAs, como se verá à frente, na seção 3.6.

3.5.1 Posicionamento Planar por DEMAs

Montando dois pares de DEMAs com acionamentos diferenciais, como os vistos na seção anterior, em ângulo reto será possível controlar a posição de um corpo em um plano, como se mostra na figura 3.25. Entende-se que a permanência do corpo nesse plano é garantida de alguma outra maneira.

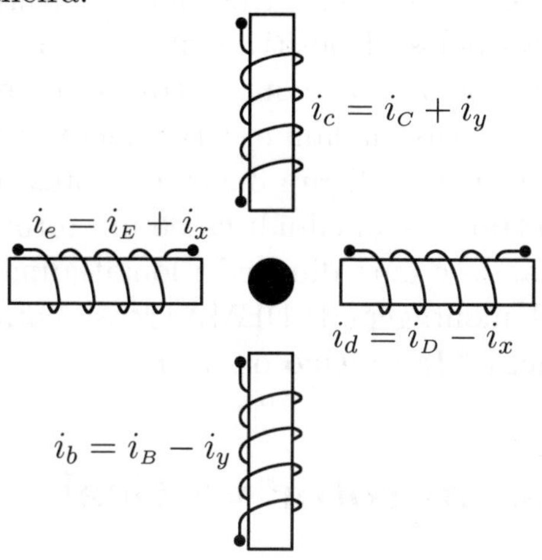

Figura 3.25: Posicionamento planar por DEMAs

Se o plano de movimento (plano do papel na figura 3.25) é horizontal, as correntes de base i_E, i_D, i_B e i_C podem ser todas iguais. Se, por outro lado, o plano de movimento for vertical, a esfera tende a cair e então a primeira tarefa é equilibrar o peso do corpo; isto pode ser conseguido pelo uso das correntes de base. Note-se também que neste caso é comum, mas não obrigatório, colocar um par de DEMAs na direção do eixo vertical; as correntes de base deste par seriam as responsáveis únicas pelo peso do corpo.

Por praxe, as direções perpendiculares definidas por um arranjo destes são chamadas de x e y. É interessante verificar que as forças de relutância resultantes em cada uma destas direções — as forças posicionadoras f_x e f_y — são desacopladas, ou seja, cada uma delas depende apenas de parâmetros daquela direção: $f_x = f_x(x, i_x)$ e $f_y = f_y(y, i_y)$. Esta característica de desacoplamento facilita o controle de posição que pode ser feito em dois canais, x e y, independentes um do outro.

Até este ponto, pouco se discutiu sobre a natureza e o formato dos corpos posiciondos pelos dispositivos magnéticos: houve um entendimento mais ou menos tácito de que se tratava de esferas metálicas. A partir de agora as coisas mudam e se considera que a pequena circunferência vista no centro da figura 3.25 não representa mais uma esfera e sim uma seção transversal cilíndrica de um rotor, um eixo que pode ou não estar girando e cuja dimensão longitudinal é perpendicular à folha de papel. A montagem de DEMAs representada na figura recebe o nome de **Mancal Magnético** ou MM.

3.6 MMs em rotor vertical

Dispositivos magnéticos substituem mancais mecânicos em muitas e importantes aplicações práticas; nos mancais magnéticos convencionais as forças restauradoras são geradas por eletroímãs estrategicamente colocados, como já detalhado nas seções anteriores. Nos mancais motores magnéticos, abreviados por MMM neste livro, um único elemento é usado para girar e posicionar radialmente o rotor.

Nos últimos anos, a COPPE/UFRJ vem desenvolvendo um protótipo de rotor vertical magneticamente posicionado. A montagem é versátil e pode aceitar diferentes configurações: ele já foi levitado magneticamente por um mancal supercondutor passivo e posicionado radialmente por dois mancais motores. Na configuração analisada neste livro, o rotor é mantido verticalmente por um calço mecânico e é horizontalmente posicionado por um mancal magnético. A figura 3.26, uma cópia da 2.5 já apresentada e comentada na página 40 da seção 2.4, mostra uma foto e um diagrama esquemático desse protótipo.

As características básicas dos pares de DEMAs acionados por corrente diferencial podem ser obtidas nas seções anteriores; dois destes

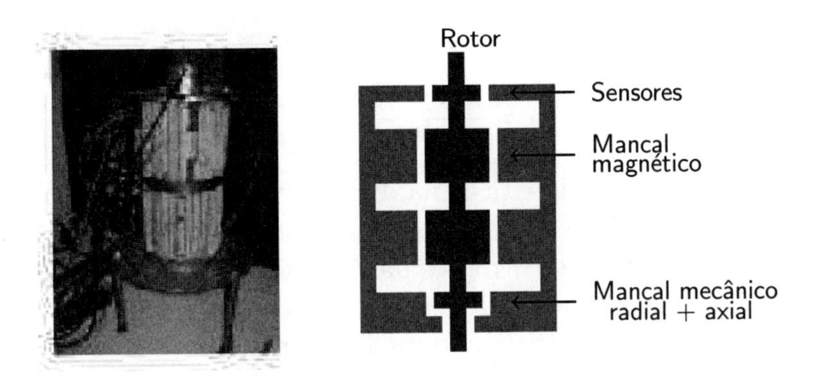

Figura 3.26: Protótipo do rotor: foto e diagrama esquemático de um corte vertical, indicando a carcaça externa, o rotor e os principais dispositivos.

pares montados perpendicularmente formam, em última análise, um mancal magnético. Sendo i_l e i_r as correntes injetadas nos DEMAs da direção x, por exemplo, a solução consiste em utilizar uma corrente de base fixa i_0 e uma variável $i_x(t)$ tais que $i_l(t) = i_0 - i_x(t)$ e $i_r(t) = i_0 + i_x(t)$. Há agora uma única variável de controle $i_x(t)$, a corrente diferencial, e a força resultante será:

$$f_x = K_m \left[\left(\frac{i_0 + i_x}{h - x} \right)^2 - \left(\frac{i_0 - i_x}{h + x} \right)^2 \right] \tag{3.18}$$

A constante magnética, como se viu no capítulo 1, pode ser expressa por $K_m = \mu_0 a_g n^2/4$ na qual μ_0 é a permeabilidade elétrica no vácuo, n é o número de espiras na bobina e a_g (denotada por A no capítulo 1) é a área do gap de ar. Percebe-se que f_x depende de i_x e de x, e como estas variáveis são usualmente pequenas, um processo de linearização como o efetuado na seção 3.3.1 pode, e deve, ser feito. O ponto de operação $i_{x_0} = x_0 = 0$ levaria assim à expressão linearizada

$f_x(t) = k_d x(t) + k_i i_x(t)$, com constantes

$$k_d = \frac{\mu_0 a_g n^2 i_b^2}{h^3} \qquad \text{e} \qquad k_i = \frac{\mu_0 a_g n^2 i_b}{h^2} \tag{3.19}$$

Eletroímãs idênticos na direção vertical gerariam $f_y(t) = k_d y(t) + k_i i_y(t)$. Note-se que f_x e f_y são desacopladas, dependem apenas dos deslocamentos e correntes nas direções x e y. Vários dispositivos podem desempenhar a função de mancal axial, desde um simples apoio ou calço a um sofisticado mancal supercondutor (SC).

A teoria para o estabelecimento das equações de movimento de corpos rígidos como os rotores foi revista no capítulo 2, em especial na seção 2.5. Com algumas mudanças na notação para os eixos, tal material será usado agora para a obtenção do **Modelo Matemático.** Os sistemas padronizados de coordenadas, forças e deslocamentos lineares e angulares aparecem na figura 3.27. Sensores de posição nas direções x e y estão na cota d, e o mancal magnético na b. Um mancal mecânico foi colocado na cota inferior c; ele também funciona como calço, para equilibrar o peso do rotor, e será considerado uma articulação ideal, ou seja, o rotor permanece imobilizado nesse ponto.

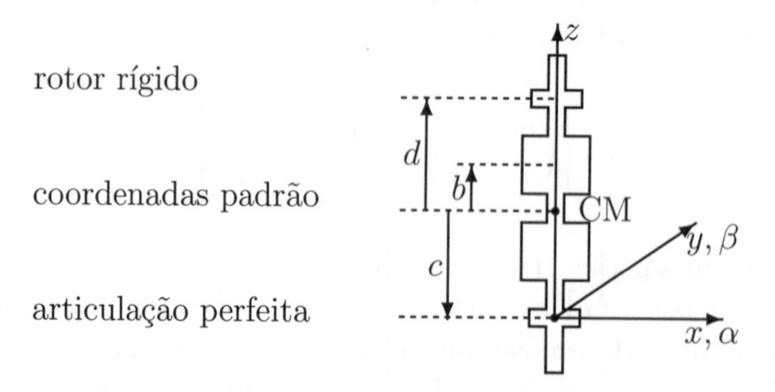

Figura 3.27: Diagrama esquemático do rotor

Considerando rotor rígido e operando muito próximo da vertical, sendo m a sua massa e I_x, I_y e I_z seus momentos de inércia com relação ao CM nas direções indicadas, as leis gerais da Dinâmica, vistas na seção 2.5, podem ser aproximadas por

$$m\ddot{x}(t) = F_x(t) \quad \text{e} \quad m\ddot{y}(t) = F_y(t) \tag{3.20}$$

$$I_y\ddot{\beta}(t) - \omega_r I_z \dot{\alpha}(t) = P_y(t) \tag{3.21}$$

$$I_x\ddot{\alpha}(t) + \omega_r I_z \dot{\beta}(t) = P_x(t) \tag{3.22}$$

em que $F_x(t)$, $F_y(t)$, $P_y(t)$ e $P_x(t)$ são as forças e torques externos no CM, nas direções y e x. Nota-se o efeito giroscópico causado pela rotação da peça com velocidade angular ω_r em torno do eixo z. Este efeito gera interferência dos movimentos de uma direção na outra, que pode ou não ser significativa.

A simetria do rotor garante $I_y = I_x = I$. A origem do sistema inercial pode ser colocada na cota c, num ponto considerado uma articulação perfeita. As distâncias, entretanto, são medidas com relação ao CM, de onde $b > 0$, $d > 0$ e $c < 0$. Pela hipótese de rigidez, a posição do CM é determinada apenas pelos ângulos β e α. Sendo J_x e J_y os momentos de inércia do rotor com relação à articulação, o teorema dos eixos paralelos leva a: $J_x = J_y = J = I + mc^2$. As equações rotacionais bastam para estabelecer a dinâmica do sistema.

$$J\ddot{\beta}(t) - \omega_r I_z \dot{\alpha}(t) = P_y(t) \tag{3.23}$$

$$J\ddot{\alpha}(t) + \omega_r I_z \dot{\beta}(t) = P_x(t) \tag{3.24}$$

Para exprimir estas equações num formato vetorial mais cômodo e conciso, é preciso definir os vetores $\boldsymbol{z} = [\ \beta \quad -\alpha\ ]^T$ das posições angulares e $\boldsymbol{e} = [\ P_y \quad -P_x\ ]^T$ dos torques externos. Manipulando as equações anteriores, vem:

$$M\ddot{\boldsymbol{z}}(t) + G\dot{\boldsymbol{z}}(t) = \boldsymbol{e}(t) \tag{3.25}$$

em que as matrizes de inércia M e giroscópica G são

$$M = \begin{bmatrix} J & 0 \\ 0 & J \end{bmatrix}; \qquad G = \omega_r I_z \begin{bmatrix} 0 & 1 \\ -1 & 0 \end{bmatrix}. \tag{3.26}$$

3.6.1 Detalhamento

O objetivo desta seção é reescrever a equação (3.25) em termos de grandezas diretamente mensuráveis e controláveis. As forças restauradoras do MM, em sua versão linearizada, são dadas por $f_x(t) = k_d x_b(t) + k_i i_x(t)$ e $f_y(t) = k_d y_b(t) + k_i i_y(t)$, como já mostrado. Note-se que os índices b adicionados aos deslocamentos enfatizam que eles ocorrem nessa cota, onde se encontra o mancal. Definindo o vetor de deslocamentos $\boldsymbol{z}_B = [\ x_b\ y_b\ ]^T$ e o vetor de entradas $\boldsymbol{u} = [\ i_x\ i_y\ ]^T$ pode-se encontrar o vetor das forças magnéticas aplicadas ao mancal:

$$\boldsymbol{f}_B = \begin{bmatrix} f_x \\ f_y \end{bmatrix} = k_d \boldsymbol{z}_B + k_i \boldsymbol{u}. \tag{3.27}$$

Como o rotor permanece sempre próximo da vertical, os efeitos da gravidade sobre a dinâmica podem ser desprezados, e assim as forças de (3.27) acima geram os momentos em relação à articulação. Em outras palavras, os torques externos vêm apenas do MM, e são

$$P_x = -f_y(b-c)\cos\alpha \quad \text{e} \quad P_y = f_x(b-c)\cos\beta$$

em que as forças são multiplicadas pelos braços de alavanca. Notar que $b - c > 0$, pois $b > 0$ e $c < 0$. Notar ainda que, como os ângulos são pequenos, $\cos\alpha \approx \cos\beta \approx 1$, de onde:

$$\boldsymbol{e} = \begin{bmatrix} P_y \\ -P_x \end{bmatrix} = (b-c) \begin{bmatrix} f_x \\ f_y \end{bmatrix} = (b-c)k_d \boldsymbol{z}_B + (b-c)k_i \boldsymbol{u}. \tag{3.28}$$

As componentes de $\boldsymbol{z}_B$ dependem das de $\boldsymbol{z}$, pois $\operatorname{sen}\beta = x_b/(b-c)$ e $\operatorname{sen}\alpha = -y_b/(b-c)$, logo, notando novamente que os ângulos são pequenos,

$$\boldsymbol{z}_B = \begin{bmatrix} x_b \\ y_b \end{bmatrix} = (b-c)\begin{bmatrix} \beta \\ -\alpha \end{bmatrix} = (b-c)\boldsymbol{z}$$

que permite reescrever (3.28) como $\boldsymbol{e} = (b-c)^2 k_d \boldsymbol{z} + (b-c)k_i \boldsymbol{u}$ e apresentar a relação básica (3.25) em termos de $\boldsymbol{z}$:

$$J\ddot{\boldsymbol{z}} + G\dot{\boldsymbol{z}} - (b-c)^2 k_d \boldsymbol{z} = (b-c)k_i \boldsymbol{u}. \tag{3.29}$$

O vetor dos deslocamentos medidos pelos sensores é $\boldsymbol{z}_S = [\, x_d \; y_d \,]^T$; mais uma vez ângulos pequenos garantem as aproximações $\beta \approx \operatorname{sen}\beta = x_d/(d-c)$ e $\alpha \approx \operatorname{sen}\alpha = y_d/(d-c)$, levando a

$$\boldsymbol{z}_S = \begin{bmatrix} x_d \\ y_d \end{bmatrix} = (d-c)\begin{bmatrix} \beta \\ -\alpha \end{bmatrix} = (d-c)\boldsymbol{z}$$

que permite a tradução final de (3.29), envolvendo, como se desejava, variáveis mensuráveis ($\boldsymbol{z}_S$) e livremente designáveis ($\boldsymbol{u}$)

$$\ddot{\boldsymbol{z}}_S + G_r\dot{\boldsymbol{z}}_S - K_{zr}\boldsymbol{z}_S = K_{ur}\boldsymbol{u} \tag{3.30}$$

onde os coeficientes matriciais são dados por

$$G_r = J^{-1}G, \quad K_{zr} = k_d(b-c)^2 J^{-1}, \quad K_{ur} = k_i(d-c)(b-c)J^{-1}. \tag{3.31}$$

3.6.2 Equações no espaço de estados

O modelo matemático procurado, equação (3.30), é linear, de segunda ordem e envolve grandezas cômodas. Escolhendo as posições medidas e suas derivadas como variáveis de estado, define-se o vetor $\boldsymbol{x} = [\, x_d \; y_d \; \dot{x}_d \; \dot{y}_d \,]^T = [\, \boldsymbol{z}_S^T \;\; \dot{\boldsymbol{z}}_S^T \,]^T$ e escrever a equação dinâmica

$$\dot{\boldsymbol{x}}(t) = A\boldsymbol{x}(t) + B\boldsymbol{u}(t). \tag{3.32}$$

As matrizes A e B, com dimensões 4×4 e 4×2, são dadas por

$$A = \begin{bmatrix} 0 & I \\ A_{21} & A_{22} \end{bmatrix} \text{ e } B = \begin{bmatrix} 0 \\ B_2 \end{bmatrix} \tag{3.33}$$

em que os blocos têm dimensões 2×2 e valores

$$A_{21} = K_{zr}, \qquad A_{22} = -G_r, \qquad B_2 = K_{ur}. \tag{3.34}$$

A matriz G_r depende de G que depende da velocidade ω_r do rotor, pelas equações (3.26) e (3.31). Isto significa que os parâmetros variam com a rotação e assim o modelo pode ser considerado fixo apenas em regime.

Ações externas imprevistas e indesejáveis, que podem ou não ocorrer, recebem o nome geral de **distúrbios.** Bons esquemas de controle devem cumprir as missões para as quais foram projetados mesmo na presença destes fatores: eles devem "rejeitar distúrbios". Para o problema de mancais magnéticos estabilizando um rotor vertical, os distúrbios de interesse são forças radiais que podem ser modeladas pelo vetor $\boldsymbol{d} = [\, d_x \;\; d_y \,]^T$. Seria fácil verificar que os torques causados por essas forças extras entram no modelo linearizado como na expressão abaixo:

$$\dot{\boldsymbol{x}}(t) = A\boldsymbol{x}(t) + B\boldsymbol{u}(t) + B^d\boldsymbol{d}(t) \tag{3.35}$$

No caso particular em que as forças de distúrbio agem na mesma cota b que as entradas de controle, a matriz B^d tem uma estrutura especial: ela é múltipla de B.

3.7 Estratégias de Controle

A finalidade básica dos mancais é manter a posição radial de rotores girantes, mesmo em presença de distúrbios. Mancais magnéticos necessitam de um controle ativo para lograr tal feito, e a pergunta permanente dos projetistas é: como encontrar uma entrada $\boldsymbol{u}$ tal que o sistema seja estável, com uma dinâmica aceitável e assim consiga centrar o rotor mesmo quando $\boldsymbol{d} \neq 0$? Nesta seção será feita uma resenha das principais filosofias dos métodos de projeto existentes para o controle de mancais magnéticos.

3.7.1 Desacoplamento

Um dos primeiros desafios do problema em estudo é o fato de ele ser multivariável: há duas variáveis independentes de entrada, $i_x = u_1$ e $i_y = u_2$, e duas variáveis independentes de saída são medidas por sensores: $x_d = x_1$ e $y_d = x_2$. O controle de sistemas multivariáveis como este é sempre mais trabalhoso, e é uma das razões apontadas para o surgimento das técnicas no espaço de estados, com suas poderosas ferramentas como a realimentação de estados.

Alguns sistemas multivariáveis, aqueles nos quais existe o **desacoplamento,** admitem um controle simples, baseado em técnicas clássicas de Controle. De modo geral, diz-se que um sistema é desacoplado quando cada uma das suas variáveis de entrada afeta uma e apenas uma das suas variáveis de saída, e cada uma das suas variáveis de saída é afetada por uma e apenas uma variável de entrada. Para fixar as ideias, seja um sistema dinâmico descrito por uma equação como (3.35), onde não há distúrbios:

$$\dot{\boldsymbol{x}}(t) = A\boldsymbol{x}(t) + B\boldsymbol{u}(t).$$

Considerando as variáveis de saída $y_1 = x_d$ e $y_2 = y_d$, o sistema é desacoplado quando a variável de entrada $u_1(i_x)$ afeta apenas $y_1(x_d)$, e esta é afetada apenas por $u_1(i_x)$, e a variável de entrada $u_2(i_y)$ afeta apenas $y_2(y_d)$, e esta é afetada apenas por $u_2(i_y)$.

Em sistemas desacoplados há vários canais monovariáveis independentes, para cada um dos quais se poderia aplicar a teoria clássica de controle, com métodos de aplicação simples e de eficiência já tradicionalmente comprovadada, como por exemplo o do Lugar das Raízes, o de resposta em frequência, e as várias sintonias possíveis para compensadores PDs, PID, etc. Este é um fato: se um sistema multivariável é desacoplado o seu controle é mais simples e direto.

Uma análise dos procedimentos que levaram à equação (3.35) mostra que a matriz giroscópica introduz acoplamentos na dinâmica do sistema em estudo e que estes acoplamentos aumentam com a velocidade de rotação ω_r. Mesmo assim, sistemas com mancais magnéticos radiais podem ser considerados razoavelmente desacoplados e é bastante comum encontrar controles independentes, baseados em PDs e PIDs, para cada canal. No caso de mancais motores, o acoplamento é mais intenso e o uso de controles independentes é mais problemático.

3.7.2 Controles centralizados

Para o caso geral, em que não se faz qualquer hipótese de desacoplamento, seja novamente a equação (3.35) do modelo dinâmico linearizado, aqui repetida.

$$\dot{\boldsymbol{x}}(t) = A\boldsymbol{x}(t) + B\boldsymbol{u}(t) + B^d\boldsymbol{d}(t). \tag{3.36}$$

A ferramenta mais geral e poderosa de controle é a realimentação de estados: a entrada é uma combinação linear das variáveis de estado. Para o caso em estudo, há duas variáveis de entrada e quatro de estado, levando a

$$u_1 = i_x = f_{11}x_d + f_{12}y_d + f_{13}\dot{x}_d + f_{14}\dot{y}_d$$

e

$$u_2 = i_y = f_{21}x_d + f_{22}y_d + f_{23}\dot{x}_d + f_{24}\dot{y}_d$$

Quando os coeficientes f_{ij} são agrupados em uma matriz, pode-se escrever:

$$\boldsymbol{u} = F\boldsymbol{x} \quad \text{onde} \quad F = \begin{bmatrix} f_{11} & f_{12} & f_{13} & f_{14} \\ f_{21} & f_{22} & f_{23} & f_{24} \end{bmatrix} \tag{3.37}$$

Aplicar esta lei de controle ao sistema original, ou de malha aberta, significa substituir (3.37) na equação (3.36); o sistema de malha fechada resultante passa a ser regido pela equação

$$\dot{\boldsymbol{x}}(t) = (A + BF)\boldsymbol{x}(t) + B^d\boldsymbol{d}(t). \tag{3.38}$$

Um dos resultados mais importantes da teoria de sistemas lineares diz que, sob condições pouco restritivas (controlabilidade do par $<A, B>$), os autovalores de $A + BF$ podem ser escolhidos com liberdade quase total no plano complexo. O único requisito é que se um complexo for escolhido como autovalor da malha fechada, o seu conjugado também deve ser escolhido. Em termos de controle, isto é muito interessante pois projetistas podem associar comportamentos dinâmicos desejados a conjuntos de autovalores, e a tarefa se reduz assim a encontrar uma matriz de ganhos F que coloca exatamente esses autovalores como o espectro de $A + BF$.

Este caminho é geralmente usado para estabilizar o sistema. Quando não há distúrbios, por exemplo, a estabilização e um comportamento transitório adequado já resolvem o problema de posicionamento de rotores por mancais magnéticos. A obtenção de F capaz de escolher a dinâmica desejada para a malha fechada recebe o nome de alocação de autovalores, ou de polos. Há vários algoritmos disponíveis para essa tarefa.

Quando F é usada para estabilizar e garantir um transitório adequado, o projetista deve saber, a priori, como a localização dos autovalores no plano complexo se relaciona com o comportamento dinâmico que se deseja impor ao sistema, e isto nem sempre é algo trivial. Existe um outro caminho que evita estas considerações, o chamado Regulador

Linear Quadrático, ou LQR. Definidos índices quadráticos que quantificam o desempenho transitório e o custo do controle, estes métodos permitem o cálculo de uma lei do tipo $\boldsymbol{u} = F\boldsymbol{x}$ que **minimiza** estes indicadores. Em outras palavras, há métodos disponíveis que permitem uma estabilização ótima e, garantidamente, transitório e custo de controle cirurgicamente selecionados.

Em resumo, há várias possibilidades, ótimas ou não, de controle por realimentação de estados que podem ser usadas no posicionamento de rotores por mancais magnéticos. Referências bibliográficas serão indicadas na seção 3.8.1.

3.7.3 Controles descentralizados

Em leis de controle por realimentação de estados como aquela em (3.37), quando um ganho f_{ij} se anula há uma simplificação sensível na implementação, pois um dos amplificadores (oito, no caso) não precisa ser utilizado. Assim, se conclui que um número elevado de elementos nulos na matriz F é algo desejável. Nada garante, infelizmente, que os métodos tradicionais de projeto levem a matrizes F com elementos nulos. O que se pode dizer, quando o sistema apresenta algum grau de desacoplamento, é que o módulo de alguns elementos f_{ij} é bastante menor do que o de outros. Nestes casos, seria possível simplificar a lei de controle **anulando** estes elementos menos intensos; como há desacoplamento, espera-se que isto não atrapalhe as características fundamentais do projeto.

Há, felizmente, caminhos menos arriscados que o descrito acima. Nos métodos de busca de realimentações de estados ótimas, é possível incluir restrições do tipo: alguns elementos da solução ótima F^* devem ser nulos. Seja, por exemplo

$$\boldsymbol{u} = F^*\boldsymbol{x} = \begin{bmatrix} f_{11} & f_{12} & f_{13} & f_{14} \\ f_{21} & f_{22} & f_{23} & f_{24} \end{bmatrix} \boldsymbol{x}$$

a solução ótima de um problema geral, irrestrito; a ideia é resolver o mesmo problema de otimização forçando alguns $f_{ij} = 0$; trata-se do Regulador Linear Quadrático Descentralizado. Uma pergunta é: quais f_{ij} devem ser anulados? Uma prática muito utilizada em MMs é anular f_{12}, f_{14}, f_{21}, e f_{23} resultando em uma realimentação como

$$\boldsymbol{u} = F_d^* \boldsymbol{x} = \begin{bmatrix} f_{11} & 0 & f_{13} & 0 \\ 0 & f_{22} & 0 & f_{24} \end{bmatrix} \boldsymbol{x}$$

Percebe-se que

$$u_1 = i_x = f_{11} x_d + f_{13} \dot{x}_d \qquad \text{e} \qquad u_2 = i_y = f_{22} y_d + f_{24} \dot{y}_d$$

mostrando que esta solução é equivalente a leis PDs independentes — e ótimas! — nos canais x e y. Esta ideia pode, e deve, ser aplicada mesmo a sistemas originalmente acoplados.

3.7.4 Controles para rejeitar degraus

Pela primeira vez, os distúrbios $\boldsymbol{d}$ na equação abaixo serão considerados: deseja-se uma entrada u que estabilize o sistema de malha fechada e anule os efeitos, em regime, de distúrbios constantes.

$$\dot{\boldsymbol{x}}(t) = A\boldsymbol{x}(t) + B\boldsymbol{u}(t) + B^d \boldsymbol{d}(t)$$

A solução consiste em adicionar dinâmica ao sistema. Como os sinais de distúrbio são degraus, a dinâmica extra são polos na origem, ou seja, integradores. A figura 3.28 ilustra a situação; as componentes $x_1 = x_d$ e $x_2 = y_d$, que devem se manter isentas, em

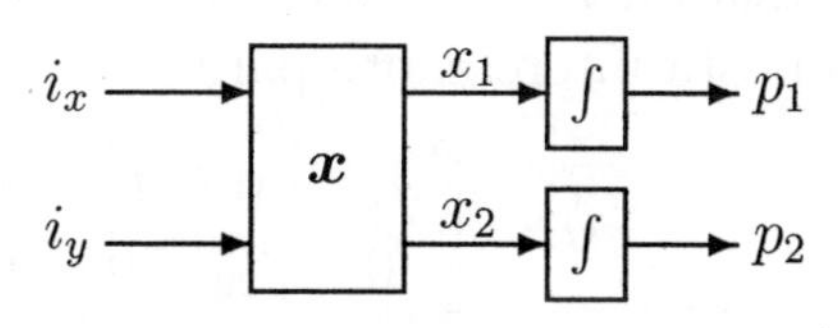

Figura 3.28: Adição de integradores ao sistema

regime, dos distúrbios constantes, serão integradas dando origem a duas novas variáveis de estado. Com as novas variáveis p_1 e p_2 adicionadas, o sistema expandido passa a ter $\boldsymbol{x}^e = [x_d \; y_d \; \dot{x}_d \; \dot{y}_d \; p_1 \; p_2]^T$ como vetor de estado, e as novas equações de estado passam a ser:

$$\dot{\boldsymbol{x}}^e = A^e \boldsymbol{x}^e + B^e \boldsymbol{u} + B_d^e \boldsymbol{d} \tag{3.39}$$

em que as matrizes expandidas A^e, B^e e B_d^e podem ser montadas consultando os blocos matriciais definidos na equação (3.34), resultando em

$$\dot{\boldsymbol{x}}^e = \begin{bmatrix} 0 & I & 0 \\ A_{21} & A_{22} & 0 \\ I & 0 & 0 \end{bmatrix} \boldsymbol{x}^e + \begin{bmatrix} 0 \\ B_2 \\ 0 \end{bmatrix} \boldsymbol{u} + \begin{bmatrix} B_1^d \\ B_2^d \\ 0 \end{bmatrix} \boldsymbol{d}. \tag{3.40}$$

Estabilizar este sistema aumentado corresponde a projetar um mancal magnético capaz de posicionar o rotor mesmo em presença de distúrbios constantes. A lei de controle básica é uma realimentação do estado expandido dada por

$$\boldsymbol{u} = \begin{bmatrix} f_{11} & f_{12} & f_{13} & f_{14} & f_{15} & f_{16} \\ f_{21} & f_{22} & f_{23} & f_{24} & f_{25} & f_{26} \end{bmatrix} \boldsymbol{x}^e = F^e \boldsymbol{x}^e$$

A estabilização é mais trabalhosa, afinal houve um aumento na dimensão do sistema. E se o método de projeto for centralizado, ótimo ou não, haverá a necessidade de 12 amplificadores na implementação prática da lei. A ideia de descentralizar surge naturalmente, e uma proposta interessante para a estrutura desejada é

$$\boldsymbol{u} = \begin{bmatrix} f_{11} & 0 & f_{13} & 0 & f_{15} & 0 \\ 0 & f_{22} & 0 & f_{24} & 0 & f_{26} \end{bmatrix} \boldsymbol{x}^e = F_d^e \boldsymbol{x}^e$$

que corresponde, como é fácil notar a

$$u_1 = i_x = f_{11} x_d + f_{13} \dot{x}_d + f_{15} \int x_d \quad \text{e} \quad u_2 = i_y = f_{22} y_d + f_{24} \dot{y}_d + f_{26} \int y_d$$

que se resume a dois controladores PIDs independentes, um para cada canal. Como já feito antes, é bom notar que este controle descentralizado (e também ótimo!) pode ser imposto mesmo a sistemas não desacoplados originalmente.

3.7.5 Controles para rejeitar outros sinais

Distúrbios constantes podem surgir de modo natural, como por exemplo quando o rotor não se encontra na posição vertical e um componente do seu peso será aplicado radialmente. Ao invés de de se estabelecer um novo modelo para esta situação, considera-se o mesmo modelo destas notas acrescido de um distúrbio radial constante.

Além de distúrbios constantes, um outro tipo merece atenção, os harmônicos. Para entender o porquê, deve-se recordar um tópico importante da dinâmica de rotores, o efeito de desbalanceamentos, mostrado com detalhes no capítulo 2. Qualquer desbalanceamento, e é muito comum a existência deles, é capaz de gerar forças radiais desestabilizantes, cuja intensidade cresce com a velocidade angular ω_r. Para rotações uniformes, pode-se imaginar uma força radial dirigida para fora, com intensidade constante e que se move com o rotor. Projetando este vetor girante nas direções x e y do mancal, obtém-se forças com variações harmônicas.

Em outras palavras, estes distúrbios radiais podem ser modelados pelo vetor $\boldsymbol{d} = [\ d_0 \cos \omega_r t \quad d_0 \operatorname{sen} \omega_r t\ ]^T$, o que explica a importância de se estudar controles que rejeitem, em regime, distúrbios harmônicos ou senoidais. O caminho é, como no caso do PLS, aumentar a dimensão do sistema, adicionando novas variáveis de estado. Estas novas variáveis devem introduzir uma dinâmica não mais de integradores, mas associada a senos e cossenos, o que quer dizer autovalores imaginários do tipo $\pm j\omega_r$. Como há dois canais, $y_1 = x_d$ e $y_2 = y_d$, o aumento na ordem do sistema deve ser de 4. Depois deve vir a estabilização. Este problema é bem mais complicado e mais dele não se verá nestas notas.

3.8 Conclusões

Alguns aspectos sobre levitação — a capacidade de equilibrar os efeitos da gravidade sobre corpos — são apresentados e comentados nas primeiras seções deste capítulo. O uso de dispositivos eletromagnéticos capazes de gerar forças de atração, os DEMAs, é um caminho natural para se implementarem levitações sem contatos físicos, como aquelas dos palcos.

A junção de conhecimentos eletromagnéticos sobre forças de relutância e a dinâmica de pontos materiais permite enunciar detalhadamente o Problema da Levitação Simples, PLS. Após uma linearização simples das equações principais, o controle do PLS é feito usando ferramentas clásicas do arsenal de Controle. O resultado é tão direto e elegante que o PLS costuma ser empregado em vários livros como exemplo didático básico da aplicação de técnicas de Controle a problemas reais. Por ser razoavelmente fácil de montar em laboratórios não muito sofisticados, e por apresentar resultados curiosos e atraentes, o PLS tem, e sempre teve, um grande apelo acadêmico.

O apelo e a importância dos mancais magnéticos, por outro lado, são eminentemente tecnológicos. Os meandros teóricos que explicam seu funcionamento são bem mais complicados, pois é bem mais difícil posicionar eixos em rotação do que levitar esferas. E aqui aparecem outras aplicações, não acadêmicas, do PLS: o posicionamento de eixos girantes feito pelos MMs muitas vezes pode ser encarado como a simples justaposição de dois problemas de levitação, um para cada direção, tratados de modo independente. O fato de o acoplamento entre os eixos x e y ser normalmente pequeno, faz com que essa aplicação desacoplada das técnicas clássicas simples — PD e/ou PID, funções de transferência, lugar das raízes, resposta em frequência — seja bem sucedida. A apresentação e análise preliminares do "apenas acadêmico" PLS ficam assim plenamente justificadas.

O uso das técnicas clássicas de Controle listadas no parágrafo anterior tem sucesso garantido quando há desacoplamento, isto é, quando os movimentos de uma das direções x ou y afeta pouco os movimentos da outra. Esta é a situação normal nas baixas velocidades de rotação, como deixam claro as expressões em (3.21), mas como proceder quando ω_r aumenta? quando se necessita dispositivos com alta rotação? Nas situações em que é impossível desprezar o acoplamento as técnicas clássicas de Controle podem falhar. Entram em cena as técnicas mais "modernas" de variáveis de estado, capazes de estabilizar sistemas com ou sem acoplamento. Além de uma simples estabilização, essas técnicas permitem minimizar critérios ligados ao desempenho e ao custo resultantes, constituindo, assim, estratégias **ótimas** de controle.

Há casos em que um controle eficiente envolve mais do que apenas estabilizar. Quando, por exemplo, o objetivo é a rejeição de distúrbios constantes, as técnicas clássicas usam compensadores PID, o que também pode ser feito com as variáveis de estado, e os resultados finais são bastante satisfatórios. Quando se deve rejeitar sinais mais complicados como, por exemplo, os harmônicos, cuja influência foi mostrada no capítulo 2, ainda há muitos problemas em aberto. O controle dos mancais motores magnéticos, MMMs, é bem mais sofisticado que o dos MMs. A linearização é mais problemática e os modelos usados dependem fortemente das condições de operação (velocidade angular do rotor).

3.8.1 Referências importantes

Mais detalhes sobre o PLS podem ser encontrados nos livros [8], [18] ou [19], obras completas e específicas sobre Mancais Magnéticos e Mancais Motores Magnéticos, que usam a levitação por forças de relutância como gancho motivador e facilitador.

As técnicas de controle do PLS mostradas nas primeiras seções do capítulo são clássicas e conhecidas, podendo ser encontradas em todo e qualquer texto de Controle com alguma qualidade, como por exemplo

[4], [5], [6], [7], [14], [15], e tantos, tantos outros. Nas obras específicas sobre Mancais Magnéticos, listadas no parágrafo acima, tais técnicas também aparecem, além de muitos outros tópicos, claro. As menções feitas no texto à possibilidade de se controlar os sistemas de maneira ótima se referem ao famoso Controle Linear Quadrático, LQR. Embora a quantidade de referências sobre este tema seja enorme, aqui se sugere apenas [1] e [20], a partir das quais é fácil ampliar o horizonte.

Aspectos mais ligados ao controle de posição e de velocidade de MMs e MMMs por meios clássicos ou por variáveis de estado, ótimos ou não, centralizados ou descentralizados, podem ser encontrados, entre outros, em [2], [3], [9], [10], [11], [12], [13], [16] e [17]. Boas leituras!

3.9 Exercícios

Exercício 3.9.1 *Para a levitação simples de uma esfera metálica, descrita pelo PLS (seção 3.3, figura 3.7), valores medidos em uma bancada experimental são, no sistema SI:* $m = 1$ *e* $g = 10$*. Nas curvas abaixo, também obtidas em laboratório, a distância* d *da esfera ao DEMA está nas abscissas, a força magnética* F_m *nas ordenadas, e* $i = i_r + u$ *representa a corrente total injetada na bobina.*

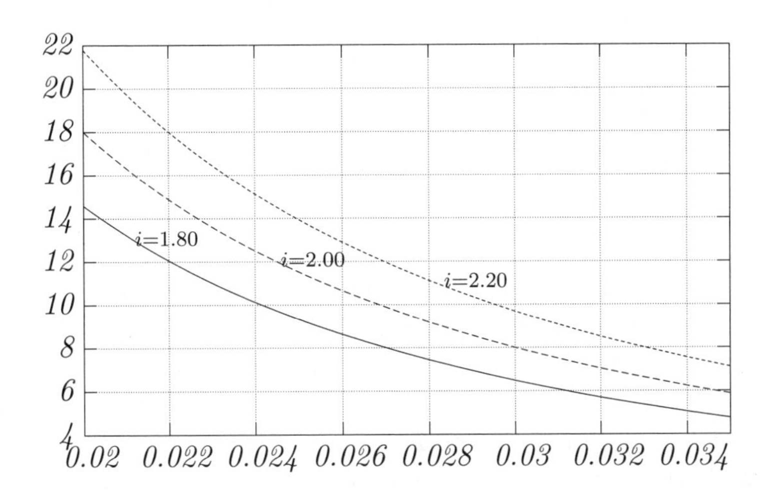

1. *Para uma corrente de referência $i_r = 2{,}00$ calcular a distância de equilíbrio d_r, deduzir o valor da constante K_m e linearizar o modelo, ou seja, obter k_i e k_d da equação (3.5).*

2. *Projetar um regulador PD para o controle da esfera a partir do modelo linearizado apresentado na figura 3.10 (use PD cancelante com polo extra na imagem especular do polo instável).*

3. *Para o projeto anterior, simular: (a) a resposta para referência nula e condições iniciais (CIs) variadas; (b) a resposta para um degrau de referência e CIs nulas; (c) a resposta para um degrau de referência e para um degrau de distúrbio.*

4. *Projetar um regulador PID para o controle da esfera.*

5. *Simular a resposta a um degrau de referência e um de distúrbio; observar e comentar a rejeição de distúrbios nos itens acima.*

6. *Para controles PD e PID, simular o comportamento do sistema geral, não linearizado, e determinar a região de estabilidade (va-*

lor máximo da CI $y(0)$; a distância do DEMA ao plano de referência é $H = 30cm$.

7. *Projetar um regulador capaz de rejeitar distúrbios senoidais de frequência conhecida, a partir do modelo linearizado; comprovar a validade do projeto através de simulações com o sistema linear.*

Exercício 3.9.2 *No exemplo da seção 3.3.4, página 88, foram desenvolvidos três compensadores PDs: o projeto P1, ($k_p = 3$ e $\tau_d = 0{,}004$), coloca os polos em -500 e o zero em -750; o projeto cancelante P2, ($k_p = 4$ e $\tau_d = 0{,}00566$), coloca os polos em -707 e o zero no mesmo, lugar; o projeto cancelante P3, ($k_p = 2{,}01$ e $\tau_d = 0{,}00284$), coloca um polo e um zero em -707 e o polo restante em $-7{,}07$.*

1. *Simular e comparar os projetos acima, no modelo linearizado, apresentando gráficos para: (a) $y(t)$ para $y(0) = 1cm$, (b) $u(t)$ para $y(0) = 1cm$, (c) IDVRs para distúrbios constantes, (d) IDVRs para distúrbios harmônicos (escolha uma frequência).*

2. *Projetar o PID que aloca polos da malha fechada em -500.*

3. *Projetar, se possível, um PID que cancele dois polos estáveis; projetar, se possível, um PID cancelante.*

4. *Repetir o item 1. para os projetos PID.*

5. *Projetar um controlador que rejeite, em regime, distúrbios harmônicos e verificar, por simulação, o funcionamento do projeto para frequências iguais às de projeto, ligeiramente diferentes e muito diferentes.*

Exercício 3.9.3 *No exemplo da seção 3.4.2, na página 97, um integrador foi adicionado à dinâmica do PLS abordado no exercício acima. A escolha padrão de variáveis de estado conduziu às equações $\dot{\boldsymbol{x}} = A\boldsymbol{x} + Bu + Ev + Gr$ cujas matrizes são dadas em (3.17).*

1. *Verificar (se é que isto ainda não foi feito) que os autovalores de* $A + BF^1$ *onde* $F^1 = [500 \quad -25000 \quad -30]$ *realmente estão onde se diz, e encontrar os parâmetros* k_p, τ_i *e* τ_d *do PID associado.*

2. *Encontrar uma realimentação de estados* $u = F^2\boldsymbol{x}$ *que coloca todos os autovalores da malha fechada em* $-\sqrt{k_d/m} \approx -707$*; encontrar os parâmetros* k_p, τ_i *e* τ_d *do PID associado a* F^2*; verificar se este projeto acarreta algum cancelamento entre polos e zeros.*

3. *Aplicar, separadamente, os projetos acima ao modelo linearizado do PLS e determinar por meio de simulação (a) as respostas a várias condições iniciais (para referência nula), (b) as respostas a referências em degrau, (c) as IDVRs para distúrbios constantes e referância nula, (d) as IDVRs para distúrbios harmônicos (escolha uma frequência) e referência nula.*

4. *Implementar os PIDs projetados no exercício anterior por meio de realimentação de estados e comparar seus desempenhos com os do ítem acima.*

5. *É possível decidir, a partir destes exercícios, qual método de projeto de PIDs é melhor?*

Exercício 3.9.4 *A figura 3.27 da página 104 mostra o diagrama esquemático do rotor vertical estudado. Seguindo os desenvolvimentos da seção 3.6, as equações básicas do movimento do corpo são:*

$$J\ddot{\beta}(t) - \omega_r I_z \dot{\alpha}(t) = -(b-c)(k_d y_b + k_i i_y)$$

$$J\ddot{\alpha}(t) + \omega_r I_z \dot{\beta}(t) = (b-c)(k_d x_b + k_i i_x).$$

Sendo $\boldsymbol{z}_S = [x_d \quad y_d]^T$ *o vetor das medidas captadas pelos sensores e* $\boldsymbol{u} = [i_x \quad i_y]^T$ *o vetor das correntes de entrada, estas expressões podem ser transformadas na equação (3.30), página 107, aqui repetida e renumerada:*

$$\ddot{\boldsymbol{z}}_S(t) + G_r\dot{\boldsymbol{z}}_S(t) - K_{zr}\boldsymbol{z}_S(t) = K_{ur}\boldsymbol{u}(t), \tag{3.41}$$

que pode ser expressa em termos das variáveis de estado como na equação 3.35, também aqui repetida:

$$\dot{\boldsymbol{x}} = A\boldsymbol{x} + B\boldsymbol{u} + B^d\boldsymbol{d}.$$

Os dados numéricos do protótipo são, no sistema SI: $b = 82{,}8 \times 10^{-3}$, $c = -148\times10^{-3}$, $d = 163\times10^{-3}$, $m = 4{,}42$, $I_x = I_y = 50{,}3\times10^{-3}$ $I_z = 2{,}17 \times 10^{-3}$, $k_i = 336{,}30$ *e* $k_d = 98{,}37 \times 10^4$. *Os distúrbios* **d** *são aplicados na mesma cota que as forças dos mancais.*

1. *Para o rotor parado (sem giro): determinar A e B, calcular a dinâmica da malha aberta, encontrar uma realimentação de estados que deixe inalterados os autovalores estáveis e coloque os instáveis nas suas imagens especulares, verificar, simulando, a capacidade de posicionamento para diversas condições iniciais, verificar a influência de distúrbios constantes e harmônicos.*

2. *Repetir para rotor girando a* 200*rpm,* 2000*rpm,* 20000*rpm.*

3. *A influência do efeito giroscópico é apreciável? o que acontece quando uma lei de controle projetada para uma velocidade é aplicada com o rotor girando em outra?*

4. *Repetir os itens acima para distúrbios atuando na cota do CM.*

5. *Supondo que as frequências de ressonância do conjunto são os autovalores estáveis de A no caso parado, verificar o que acontece quando o rotor gira nessa(s) velocidade(s).*

6. *Repetir os itens acima para controles descentralizados.*

Exercício 3.9.5 *Uma barra rígida, esbelta e homogênea, de comprimento $2a$, massa m e momento de inércia J com relação ao seu CG pode se movimentar em um plano vertical sujeita ao seu peso e a forças verticais aplicadas nas extremidades, como se vê na figura abaixo.*

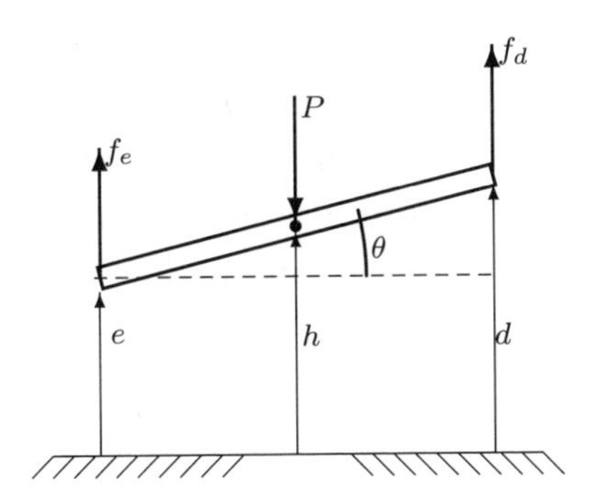

A cota do CG é medida por h e a inclinação da barra por θ; os deslocamentos das extremidades da barra são e e d. O objetivo é controlar a barra de modo a estabilizá-la horizontalmente em uma dada posição de referência:

$$\lim_{t\to\infty} h(t) = h^r = r \qquad e \qquad \lim_{t\to\infty} \theta(t) = \theta^r = 0$$

As forças verticais externas são provenientes de DEMAs colocados nas extremidades esquerda e direita. Supondo que as faces inferiores destes DEMAs se encontram a uma cota D, que eles são excitados por correntes i_e e i_d e como, por geometria elementar, $d(e) = h + (-)a \operatorname{sen} \theta$, as fórmulas conhecidas podem ser aplicadas, levando a:

$$f_d(t) = k_m \left(\frac{i_d(t)}{D - d(t)} \right)^2 \qquad f_e(t) = k_m \left(\frac{i_e(t)}{D - e(t)} \right)^2$$

As expressões para $f_d \pm f_e$, necessárias nas equações diferenciais, são complicadas e de difícil simplificação. Para que a barra se estabilize na horizontal na cota $h = r$, é necessário e suficiente que

$f_e = f_d = P/2$. As correntes que devem ser injetadas nos DEMAs para tal efeito são obtidas facilmente:

$$i_d^r = \pm(D-r)\sqrt{\frac{mg}{2k_m}} \qquad i_e^r = \pm(D-r)\sqrt{\frac{mg}{2k_m}}$$

O equilíbrio obtido nestas condições é claramente instável e a levitação da barra pode ser implementada apenas por meio de controle ativo para a correção do valor das correntes. A teoria desenvolvida para o PLS deve ser aplicada a este problema de levitação magnética de uma barra rígida.

1. *Desenvolver o modelo matemático geral relacionando as entradas de controle (correntes injetadas nos DEMAs) e as variáveis h e θ.*

2. *Linearizar o modelo matemático geral obtido, supondo o funcionamento nas proximidades da posição de equilíbrio.*

3. *Encontrar o modelo no espaço de estados para o modelo linear, verificar sua controlabilidade e observabilidade.*

4. *O teste de controlabilidade supõe um vetor de controle $\boldsymbol{u} = [u_1\ u_2]^T$ em que as variáveis $u_1 = i_d$ e $u_2 = i_e$, as correntes totais injetadas nos DEMAs, são independentes; verificar as possibilidades de controle quando se usa correntes dependentes nos DEMAS, $i_d(t) = i_d^r + \beta_1 u$ e $i_e(t) = i_e^r + \beta_2 u$; o que acontece com correntes diferenciais ($\beta_1 = 1$ e $\beta_2 = -1$)?*

Referências Bibliográficas

[1] ANDERSON, B. D. O., AND MOORE, J. B. *Optimal Control — Linear Quadratic Methods.* Dover Publications, 1990.

[2] BLEULER, H. *Decentralized Control of Magnetic Rotor Bearing Systems.* Doctor of Technical Sciences dissertation, Swiss Federal Institute of Technology, Zürich, 1984.

[3] CARDOSO, N. N. *Controle Simultâneo de Velocidade e Posição em Mancais Motores Magnéticos.* M. Sc. tese, COPPE–UFRJ, 2003.

[4] CASTRUCCI, P. B. L., AND BATISTA, L. *Controle Linear — Método Básico.* Edgar Blücher, 1980.

[5] CASTRUCCI, P. B. L., BITTAR, A., AND SALES, R. M. *Controle Automático.* Grupo Editorial Nacional, 2011.

[6] CHEN, C. T. *Analog and Digital Control System Design.* Saunders College, 1993.

[7] CHEN, C. T. *Linear System Theory and Design*, 3rd ed. Oxford University Press, 1999.

[8] CHIBA, A., FUKAO, T., ICHIKAWA, O., OSHIMA, M., TAKEMOTO, M., AND DORRELL, D. *Magnetic Bearings and Bearingless Drives.* Newnes-Elsevier, 2005.

[9] DAVID, D. F. B. *Levitação de Rotor por Mancais-motores Radiais Magnéticos e Mancal Axial SC Auto-estável.* D. Sc. tese, COPPE–UFRJ, 2000.

[10] DAVID, D. F. B., GOMES, A. C. D. N., AND NICOLSKY, R. Mancal axial supercondutor no posicionamento de rotores. In

Anais do XIV Congresso Brasileiro de Automática (Natal, RN, Setembro 2002), S. B. de Automática, Ed., pp. 2023–2028.

[11] David, D. F. B., Gomes, A. C. D. N., Santisteban, J. A., and Nicolsky, R. Modelling of a rotor positioning system with radial motor bearings and a superconducting axial bearing. *submitted to IEEE Tansactions on Mechatronics* (2006).

[12] David, D. F. B., Gomes, A. C. D. N., Santisteban, J. A., Ripper, A., de Andrade Jr., R., and Nicolsky, R. A hybrid levitating rotor with radial electromagnetic motor-bearings and axial sc bearing. In *Proceedings of the MAGLEV 2000* (Rio, June 2000), pp. 441–446.

[13] David, D. F. B., Santisteban, J. A., Gomes, A. C. D. N., Nicolsky, R., and Ripper, A. Dynamics and control of a levitating rotor supported by motor-bearings. In *Proceedings of the X DINAME* (Ubatuba, SP, March 2003), P. R. G. Kurka and A. T. Fleury, Eds., pp. 283–288.

[14] Fortmann, T. E., and Hitz, K. L. *An Introduction to Linear Control Systems.* Marcel Dekker, 1977.

[15] Franklin, G. F., Powell, J. D., and Emani-Naeini, A. *Feedback Control of Dynamic Systems.* Addison-Wesley, 1986.

[16] Gomes, R. R. *Motor Mancal Com Controle Implementado em um DSP.* M. Sc. tese, COPPE–UFRJ, 2007.

[17] Kauss, W. L. *Motor Mancal Magnético Com Controle Ótimo Implementado em um DSP.* M. Sc. tese, COPPE–UFRJ, 2008.

[18] Schweitzer, G., Bleuler, H., and Traxler, A. *Active Magnetic Bearings.* Hochshulverlag AG an der ETH Zürich, 1994.

[19] SCHWEITZER, G., MASLEN, E., BLEULER, H., COLE, M., KEOGH, P., LARSONNEUR, R., NORDMANN, R., AND OGADA, Y. *Magnetic Bearings: Theory, Design and Applications to Rotating Machinery.* Springer-Verlag, 2009.

[20] STENGEL, R. F. *Optimal Control and Estimation.* Dover Publications, 1993.

Capítulo 4

Eletrônica de Potência

4.1 Introdução

Neste capítulo, serão apresentados alguns dos circuitos mais utilizados para a alimentação das bobinas dos mancais magnéticos. Uma rápida olhada na literatura mostra que estes dependem, principalmente, da estratégia de controle.

Na primeira destas estratégias, o modelo do conjunto eletromagnético constituído pelos estatores de duas bobinas opostas, o entreferro e o rotor, é linearizado, de tal modo que a força resultante responde à equação, já mostrada nas seções 3.5 e 3.6, do tipo $f_x = k_d x + k_i i_x$, em que x é o deslocamento a partir da posição de equilíbrio e i_x, ou simplesmente i, é a corrente de controle. Considerando ainda o efeito mecânico resultante, aceleração linear na massa equivalente m, resulta um modelo eletromecânico em que se admite como entrada a corrente i, como ilustrado na figura 4.1. Desta forma, uma fonte de corrente deve ser implementada para controlar a posição do rotor. A referência de corrente é fornecida pelo controlador de posição e a fonte deve ser capaz de vencer a dinâmica das bobinas devido às suas indutâncias e resistências [5].

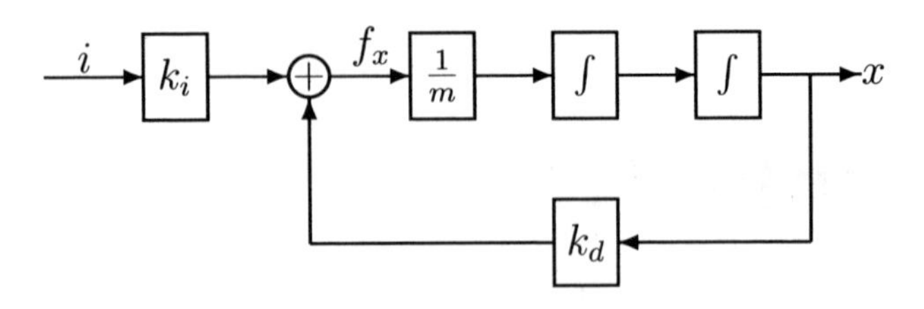

Figura 4.1: Modelo de MM com imposição de corrente

Na segunda estratégia, o modelo eletromecânico linearizado do mancal magnético considera como entrada uma tensão fornecida pelo controlador de posição. Neste caso, é levado em conta o modelo elétrico de cada uma das bobinas do mancal magnético, o qual é deduzido a partir da equação diferencial mostrada abaixo:

$$e(t) = Ri(t) + L\frac{\mathrm{d}i}{\mathrm{d}t} + k_v\frac{\mathrm{d}g}{\mathrm{d}t} \tag{4.1}$$

em que $R, L, e(\cdot)$ e $i(\cdot)$ são a resistência, indutância, tensão e corrente de uma bobina, g é o deslocamento do rotor em relação à bobina e k_v é uma constante de proporcionalidade associada à tensão induzida na bobina quando o rotor se movimenta. Trabalhando com duas bobinas opostas, no modo diferencial, uma nova equação pode ser deduzida, ([7], [1])

$$\frac{\mathrm{d}i}{\mathrm{d}t} = -2\frac{k_v}{L}\frac{\mathrm{d}x}{\mathrm{d}t} - \frac{R}{L}i + \frac{1}{L}u \tag{4.2}$$

em que agora $u(\cdot)$ e $i(\cdot)$ representam a diferença das tensões e das correntes nas duas bobinas opostas e x é o deslocamento do rotor em torno do ponto de equilíbrio. Desta forma, o modelo do mancal magnético, com imposição de tensão, fica como mostrado na figura 4.2. Como se pode deduzir, a ordem do modelo resultante aumenta.

Contudo, é interessante mencionar que esta modelagem é aproveitada na implementação de estimadores de posição [6].

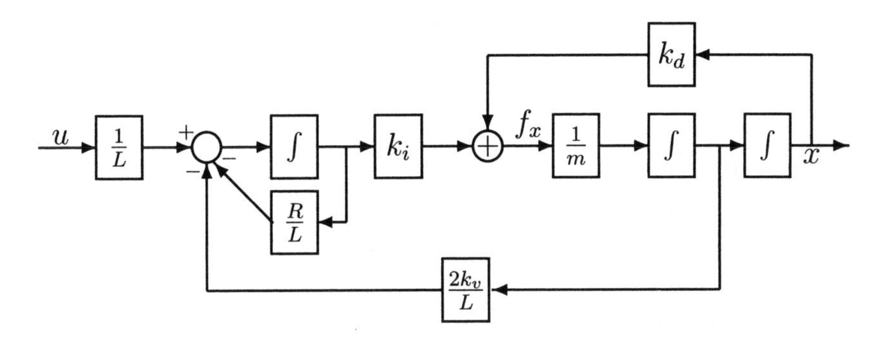

Figura 4.2: Modelo de um MM com imposição de tensão

A seguir, os princípios básicos dos circuitos eletrônicos utilizados para a implementação das fontes de alimentação dos mancais magnéticos serão apresentados. A principal característica desejada é que estes tenham a suficiente velocidade para acompanhar as referências solicitadas pelo sistema de controle de posicionamento.

4.2 Circuitos lineares

A operação dos circuitos lineares se baseia no comportamento dos transistores operando na região denominada de linear. A título de exemplo, a figura 4.3 ilustra um transistor bipolar (Bipolar Junction Transistor, BJT) polarizado de tal modo que o seu ponto de operação estabelece uma tensão coletor emissor V_{ce} = 20V, que não corresponde ao estado de corte (V_{ce} = 40V) nem ao de saturação (V_{ce} = 0,2V).

Nesta região de operação, cumpre-se a relação

$$i_c = \beta\, i_b \tag{4.3}$$

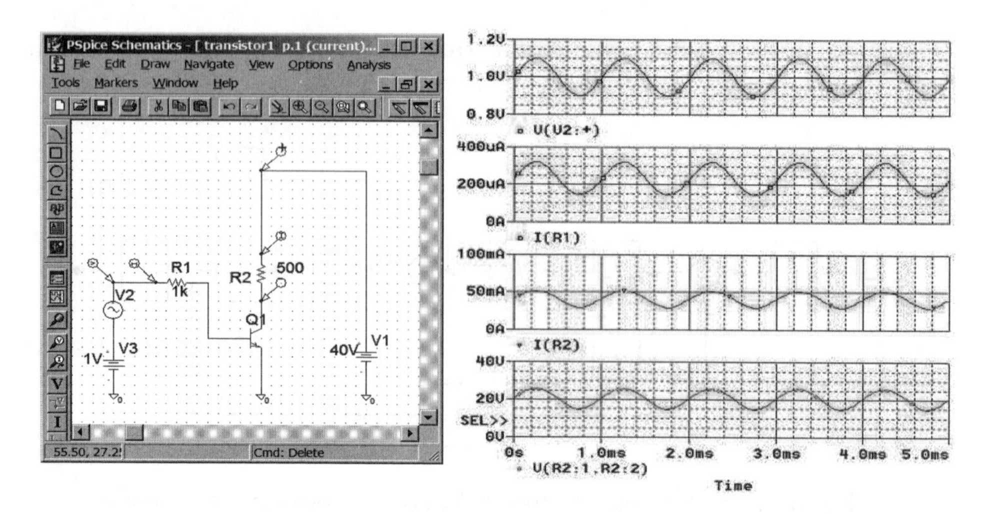

Figura 4.3: Transistor bipolar operando na região linear

em que i_c é a corrente de coletor e i_b é a de base. O valor de β define uma família de transistores. Assim, considerando $\beta = 168$, uma corrente de coletor $i_c = 40\text{mA}$ é estabelecida para uma corrente de base $i_b = 238\mu\text{A}$. Por outro lado, a fonte senoidal V2 na figura 4.3 provoca uma mudança proporcional na corrente de base $i(R1)$ e o seu efeito pode ser observado na corrente de coletor $i(R2)$.

O circuito do exemplo é linear porque a carga no coletor é um resistor (R2) e a frequência do sinal de excitação da corrente de base é de 1kHz, abaixo da frequência máxima de operação (largura de banda) do transistor escolhido. Isto significa que, em relação ao resistor R2, o circuito pode ser utilizado para implementar tanto fontes controladas de tensão como de corrente. Contudo, no caso de um mancal magnético, a carga terá uma componente indutiva, logo se pode esperar uma diferença no comportamento, mostrada na simulação da figura 4.4a, em que a carga inclui um indutor de 250mH e, apesar de se manter a mesma excitação na base do transistor, tanto a corrente de coletor como a tensão na nova carga são deformadas. O valor médio destas grandezas mostra uma mudança de fase entre as suas componentes harmônicas. Estes efeitos aumentam ainda mais quando o valor do indutor aumenta para 750mH, como se observa na figura 4.4b.

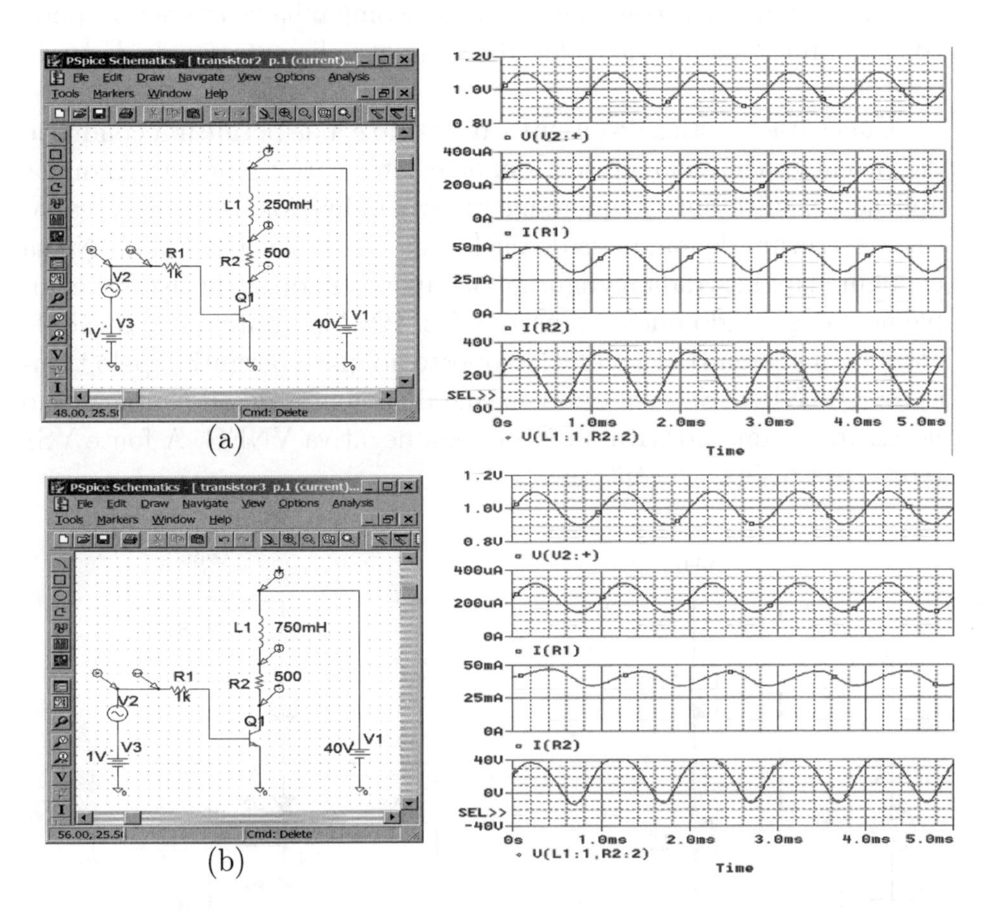

Figura 4.4: Transistor bipolar, na região linear com carga indutiva

Das observações acima, é possível concluir que ao utilizar o circuito básico da figura 4.3, com imposição de correntes, deveria ser levado em conta a constante de tempo definida pelos valores de indutância e resistência da bobina. Ou seja, do ponto de vista do seu controle, o modelo do circuito teria que incluir um polo. Contudo, ao se fechar a malha de controle da fonte de alimentação, uma estratégia para aumentar a rapidez com que a saída acompanha a referência pode consistir no aumento do valor da fonte de alimentação do lado do coletor.

Uma característica do circuito analisado é a de permitir a condução de corrente apenas em um sentido, do coletor para o emissor. Algumas aplicações, entretanto, requerem correntes bidirecionais. Para estes casos, a estrutura denominada de push-pull mostra-se apropriada. Nessa configuração, ilustrada na figura 4.5a, aparecem dois transistores complementares, sendo que o transistor Q2, PNP, permite a condução de corrente na carga RL1 no sentido oposto ao que é permitido pelo transistor Q1, NPN. Note-se também que duas fontes de alimentação são necessárias: uma positiva VPOS e uma negativa VNEG. A fonte VS1 representa o sinal de controle.

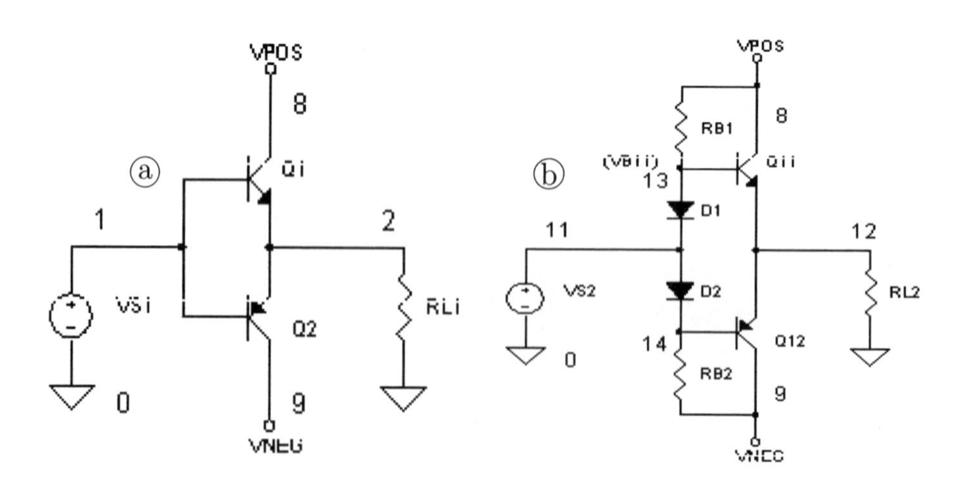

Figura 4.5: Circuitos push-pull básico (a) e modificado (b)

Observa-se, na figura 4.5b, uma versão modificada do circuito da figura 4.5a, para uma aplicação como fonte de tensão. Neste caso, com os diodos D1 e D2 e os resistores RB1 e RB2 é possível reduzir a deformação na tensão de saída. Isto se compreende ao conferir na figura 4.5a que é necessário superar a queda de tensão base-emissor de aproximadamente 0,7V.

4.3 Circuitos chaveados

Uma das principais desvantagens dos circuitos de alimentação lineares é a perda de potência nas chaves semicondutoras, pois o produto entre a tensão coletor-emissor (Vce) e a corrente de coletor não é nulo. Por esta razão, os circuitos chaveados são preferidos na maioria das implementações práticas dos mancais magnéticos. Como o nome sugere, as chaves semicondutoras operam como se fossem interruptores abertos ou fechados, o que pode ser simulado, na prática, levando os semicondutores às condições de corte (chave aberta) e saturação (chave fechada).

A título de exemplo, na figura 4.6(a) (à esquerda) se ilustra a simulação (*Pspice for Windows*) de um transistor Q1 excitado pela fonte pulsante V2 e na figura 4.6(b) (à direita) são mostradas as respostas de tensão e corrente no resistor R3. Quando V2 é igual a 5V, o transistor é levado à condição de saturação e, com isto, a tensão coletor-emissor cai para um valor em torno de 0,2V, aproximando uma condição de interruptor fechado. Ao contrário, quando V2 é igual a 0V, a corrente de base é nula, e como consequência também a corrente de coletor. Neste caso, a tensão coletor-emissor se iguala ao valor da fonte V1, configurando uma condição equivalente a uma chave aberta.

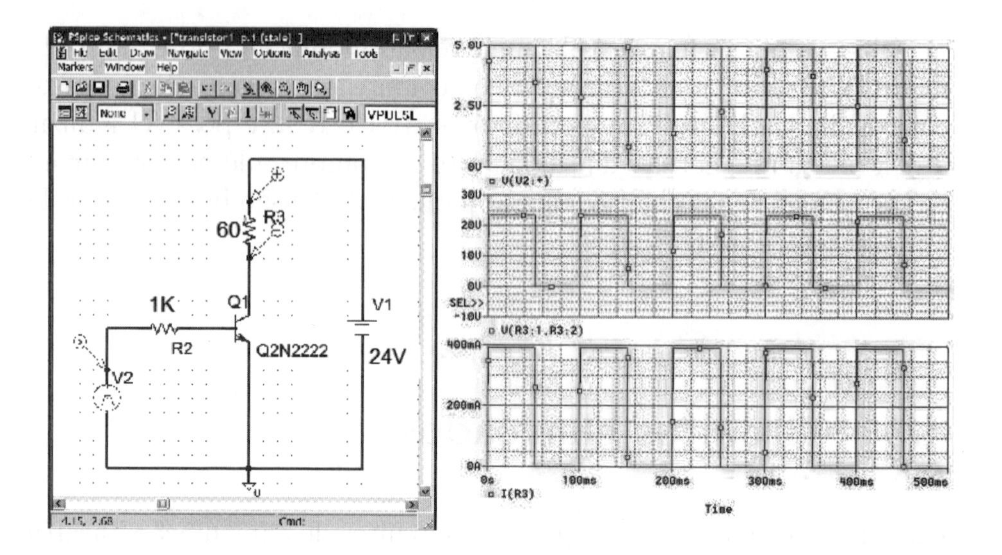

Figura 4.6: (a) Circuito chaveado. (b) Tensão e corrente na carga R3.

4.3.1 Fonte de tensão com circuito chaveado

O princípio de operação de uma fonte de tensão chaveada pode ser entendido com auxílio da figura 4.7. Nela, a tensão na carga oscila, de forma periódica, entre a tensão de entrada E, com a chave na posição A, e a tensão nula, com a chave na posição B.

A tensão de saída V_0 tem uma componente média e uma série de harmônicos. Pode-se verificar rapidamente que o valor médio desta tensão é proporcional à razão que existe entre o tempo em que a chave permanece na posição A (D) dividido pelo período de chaveamento T, como registrado na equação (4.4).

$$\bar{V}_0 = \frac{D}{T}E \tag{4.4}$$

Na literatura, a estratégia de impor uma tensão de valor médio $\bar{V}_0$ mudando a largura D e mantendo o período T fixo se chama modula-

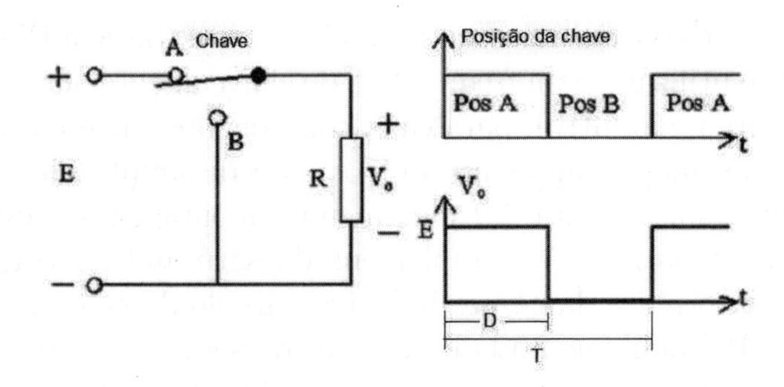

Figura 4.7: Operação de uma fonte de tensão chaveada

ção por largura de pulso ou PWM (Pulse Width Modulation) [4], [2], [3]. Também, pela forma de onda da tensão de saída, esta estrutura é identificada como um tipo de chopper (conversor cc-cc) redutor.

Na figura 4.8 se ilustra o emprego desta estratégia nos mancais magnéticos. Neste caso, o controlador de posição fornece um sinal de referência proporcional à tensão desejada na bobina correspondente. Numa implementação analógica, este sinal pode ser utilizado junto a um circuito comercial que gere o padrão de disparo PWM; no caso de uma implementação digital, este poderá ser gerado através das facilidades de portas dedicadas, encontradas nos microprocessadores.

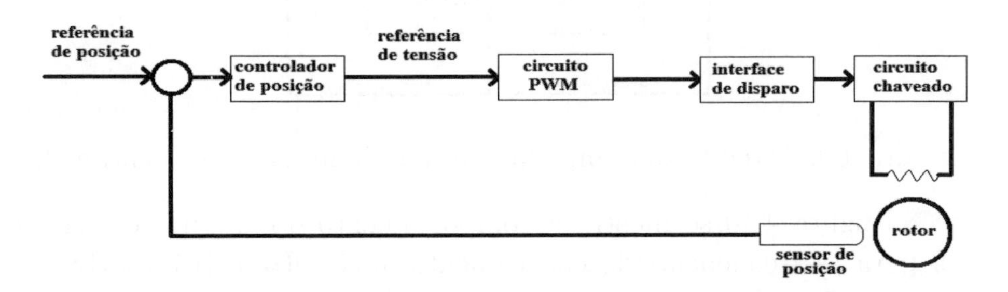

Figura 4.8: Controle de posição com fonte de tensão chaveada

Quando se trata de mancais magnéticos, a estratégia PWM é particularmente utilizada com frequências de chaveamento acima de 10kHz. Como a carga é indutiva, para cada componente harmônica da tensão corresponde uma componente de corrente de amplitude desprezível. Como exemplo, a figura 4.9 mostra uma montagem da estrutura da figura 4.7: a posição A é implementada saturando o transistor Q1, para que a corrente da carga, indutiva, circule do coletor ao emissor. A posição B é implementada levando o transistor ao corte e a corrente que circula na carga é assumida pelo diodo D1, cuja queda de tensão é pequena (0,7V) quando comparada com a tensão de alimentação V1 (24V).

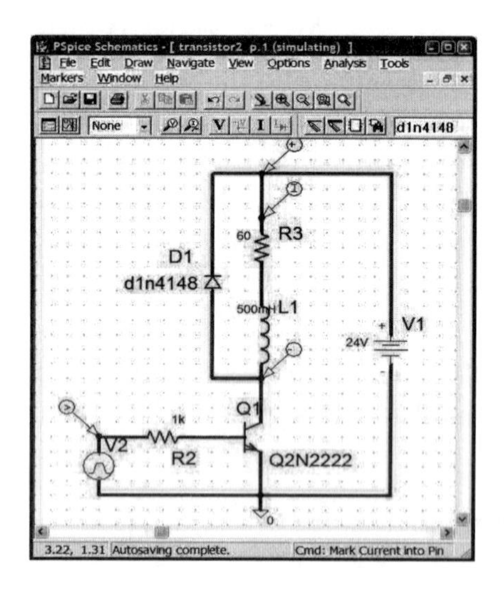

Figura 4.9: Circuito que implementa uma fonte de tensão chaveada

Na figura 4.10 se mostra o comportamento do circuito da figura 4.9 para as frequências de chaveamento: (a) 10Hz e (b) 100Hz; na figura 4.11 se ilustra o caso de chaveamento com 1000Hz, com uma vista ampliada. A largura de pulso D é 50% do período T e com isso a tensão média é de 12V.

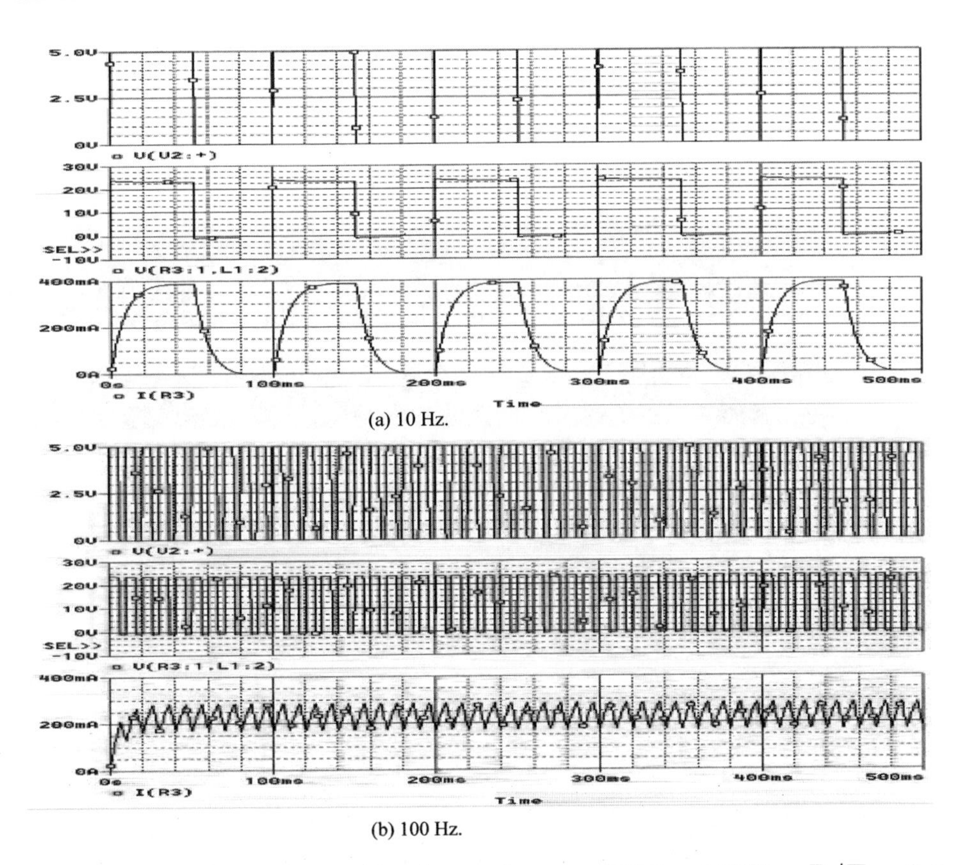

(a) 10 Hz.

(b) 100 Hz.

Figura 4.10: Fonte de tensão chaveada para 10Hz e 100Hz: $D/T = 0{,}5$

Visto que a componente resistiva vale 60 ohm, observa-se que a corrente na carga $i(\mathrm{R3})$ tem um valor médio de 0,2A mas na frequência de 10Hz as componentes harmônicas são consideráveis. Em 100Hz essas componentes têm um valor reduzido e para 1000Hz elas são quase imperceptíveis.

A ampliação do caso de 1000Hz mostra que a variação da corrente (ondulação) em torno do valor médio chega a ser da ordem de 12mA, como mostrado na figura 4.11, o que representa 6% em relação a 200mA. Esta última figura sugere que, baseado neste mesmo circuito, poderia ser implementada uma fonte de corrente. Isto é o assunto da próxima seção.

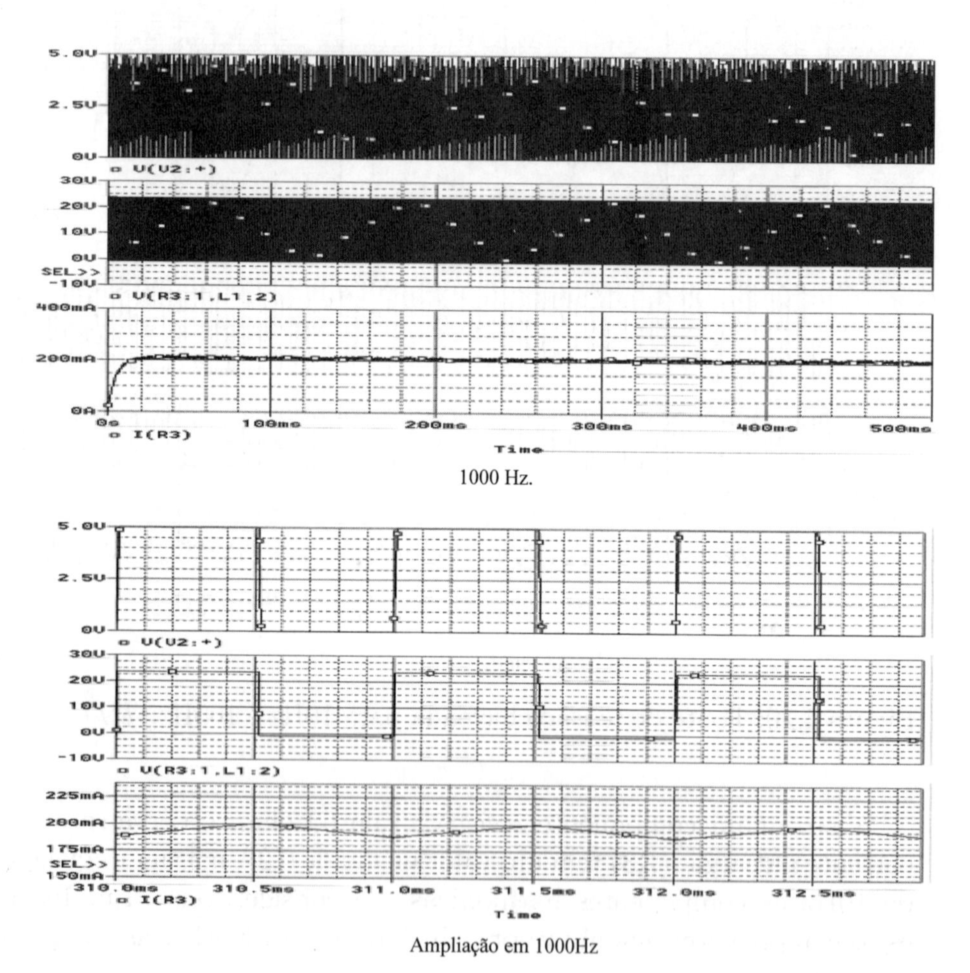

1000 Hz.

Ampliação em 1000Hz

Figura 4.11: Fonte de tensão chaveada para 1000Hz: $D/T = 0{,}5$

4.3.2 Fonte de corrente com circuito chaveado

O conceito ideal de fonte de corrente se refere a um dispositivo que fornece uma intensidade de corrente independente do tipo de carga. No caso dos mancais magnéticos, esta carga é indutiva e a corrente fornecida segue uma referência imposta pelo controlador de posição.

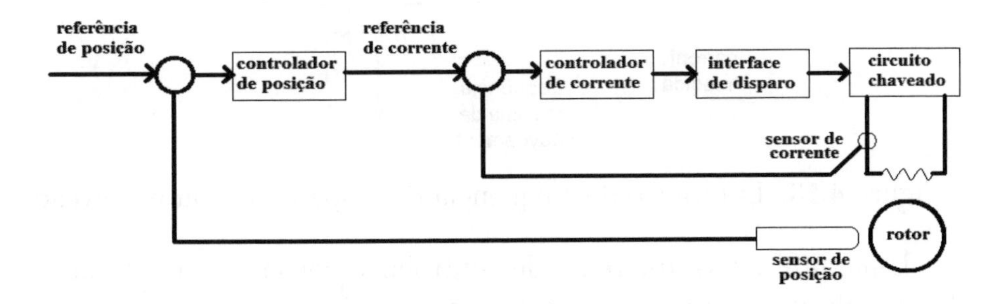

Figura 4.12: Controle de posição com fonte de corrente chaveada

Ao utilizar um circuito chaveado, a estratégia consiste em monitorar a corrente que circula pela carga e compará-la com a referência solicitada, como ilustrado no laço interno da figura 4.12. O erro resultante comanda o disparo da(s) chave(s) semicondutor(as) do circuito. Nessa figura, note-se o fato de que ao se utilizar um circuito chaveado, a saída do controlador de corrente será um sinal com estados discretos (booleanos). Por exemplo, considerando o circuito da figura 4.9, este poderá ser 0 ou 5V, que são os níveis lógicos da família TTL (transistor transistor logic). Uma alternativa de implementação prática poderia consistir em associar ao sinal do erro de corrente um dos níveis lógicos. Entretanto, esta estratégia implicaria uma frequência de chaveamento que tenderia ao infinito, o que seria impraticável devido à limitação física das chaves semicondutoras. Por este motivo, numa implementação real, com componentes avulsos, um circuito auxiliar é incluído para limitar esta frequência. O modo mais simples consiste em utilizar um flip-flop, cujo relógio define a frequência máxima de chaveamento, como ilustrado na figura 4.13.

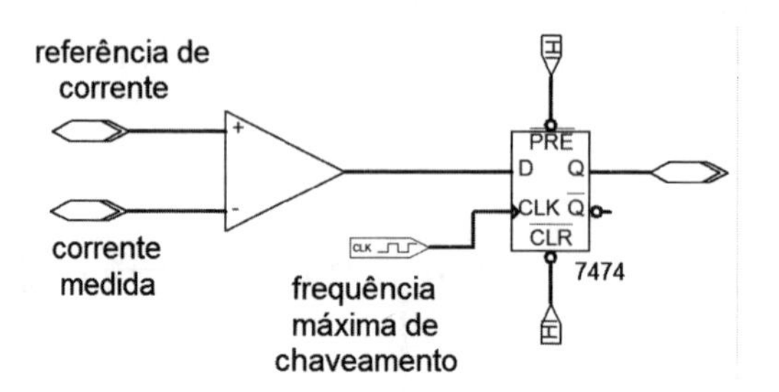

Figura 4.13: Limitação da frequência de disparo em fonte chaveada

Uma alternativa diferente de controlar a corrente consiste na utilização de um comparador de histerese ao invés de um comparador absoluto. Neste caso, a faixa de histerese (limite superior e inferior do erro de corrente) reduz de forma automática a frequência de chaveamento.

4.3.3 Circuitos chaveados, condução unidirecional

Observando a figura 4.9, verifica-se que a corrente de carga apenas circula em um sentido, tendo em vista que o transistor só permite condução de corrente de coletor para emissor. Chamando de V, L e R aos componentes V1, L1 e R3, respectivamente, pode-se demonstrar que, quando o transistor entra em condução, por exemplo no tempo t_1, a corrente que passa pela carga segue a equação (4.5):

$$i(t) = \frac{V}{R}(1 - e^{-tR/L}) + i(t_1)e^{-tR/L} \qquad (4.5)$$

em que $i(t_1)$ é a corrente circulando no instante imediato antes de o transistor entrar em condução. Derivando em relação ao tempo, a taxa inicial de variação da corrente fica dada por:

$$\frac{V}{L} - \frac{Ri(t_1)}{L} \tag{4.6}$$

Desta forma, é possível controlar esta taxa pela escolha apropriada da tensão de alimentação V. Por outro lado, quando o transistor muda para o estado de corte (chave aberta), no instante t_2, a corrente circula pelo diodo e decai exponencialmente com uma velocidade determinada unicamente pela constante de tempo da bobina. A corrente e sua taxa inicial de variação são:

$$i(t) = i(t_2)e^{-tR/L} \qquad \text{e} \qquad -\frac{i(t_2)R}{L} \tag{4.7}$$

O circuito na figura 4.14 fornece corrente à carga RL em um único sentido mas, diferente do acima, possui dois transistores (IGBTs) comandados para se comportar como chaves, em série com a carga, que se abrem ou fecham simultaneamente. Quando eles entram em condução, as equações (4.5) e (4.6) também se aplicam e quando os transistores entram em corte, no instante t_2, os diodos D1 e D2 conduzem e se cumpre que a corrente e sua taxa inicial de variação são:

$$i(t) = -\frac{V}{R}(1 - e^{-tR/L}) + i(t_2)e^{-tR/L} \qquad \text{e} \qquad -\frac{V}{L} - \frac{i(t_2)R}{L} \tag{4.8}$$

Ao comparar com a equação (4.7) nota-se um aumento na velocidade com que a corrente decresce e, se a tensão de alimentação V fosse escolhida apropriadamente, os módulos das taxas de variação podem ser muito próximos. É interessante notar que, ao circular corrente negativa pela fonte de tensão, então este circuito pode ser considerado vantajoso, se comparado com o circuito da figura 4.9 pois é capaz de devolver energia, atributo desejável quando se trata de mancais magnéticos.

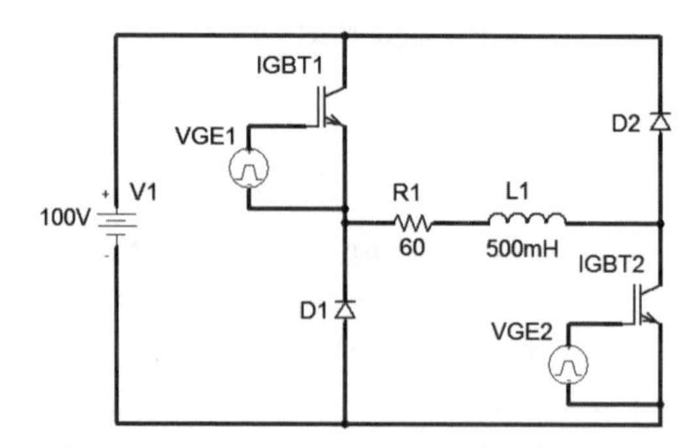

Figura 4.14: Circuito com condução unidirecional

4.3.4 Circuitos chaveados, condução bidirecional

Na figura 4.15, mostram-se dois circuitos que permitem a condução de corrente bidirecional na carga. Na figura 4.15(a) são utilizadas uma única fonte de tensão e quatro chaves semicondutoras. Trata-se da estrutura de um inversor monofásico. Nesse caso, quando as chaves IGBT1 e IGBT2 estão fechadas, as chaves IGBT3 e IGBT4 permanecem abertas e vice-versa. A tensão na carga alterna entre os valores $-V$ e $+V$. Já na figura 4.15(b) somente duas chaves são necessárias mas em compensação duas fontes são utilizadas. Quando algum destes circuitos é utilizado para implementar uma fonte de corrente então recebe o nome de inversor de tensão controlado por corrente (CC-VSI: Controled Current Voltage Source Inverter). Estes circuitos são utilizados quando se deseja impor corrente alternada nas bobinas do mancal magnético ou dos motores-mancais, descritos no capítulo 6.

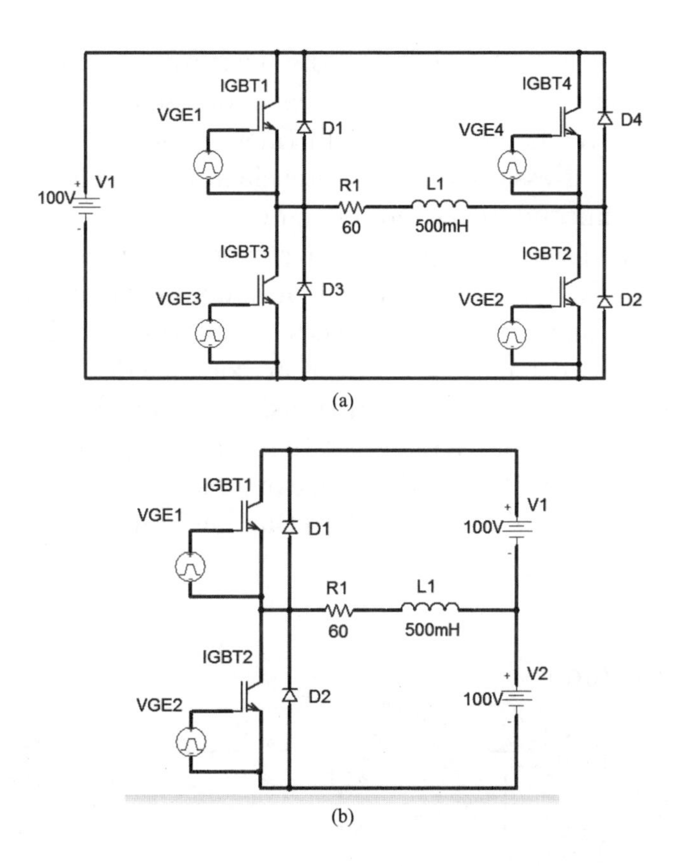

Figura 4.15: Condução bidirecional: (a) uma fonte quatro chaves; (b) duas fontes duas chaves

4.4 Interfaces de disparo (drivers)

Nas figuras 4.8 (página 137) e 4.12 (página 141), observam-se blocos denominados de interface de disparo. A função destes circuitos consiste em adequar os sinais elétricos vindos da etapa de controle para níveis de tensão ou corrente que comandem apropriadamente as chaves semicondutoras. A utilidade destes circuitos se aprecia ainda mais quando se lida com circuitos de potência que se encontram nas configurações mostradas nas figuras 4.14 (meia-ponte), 4.15a (ponte completa) e 4.15b. Nesses casos, os potenciais de referência de comando das chaves semicondutoras são diferentes.

Usando transistores bipolares, por exemplo, verifica-se que todos os emissores não estão conectados ao mesmo potencial. Para efetuar o comando das chaves nessas condições, as interfaces utilizam circuitos que isolam eletricamente os circuitos de controle dos de potência, por exemplo com optoacopladores ou transformadores de pulsos.

A título de exemplo, na figura 4.16 mostra-se o diagrama esquemático do circuito SKHI20OP da Semikron. Este módulo comanda duas chaves do tipo IGBT (Isolated Gate Bipolar Transistor) [8].

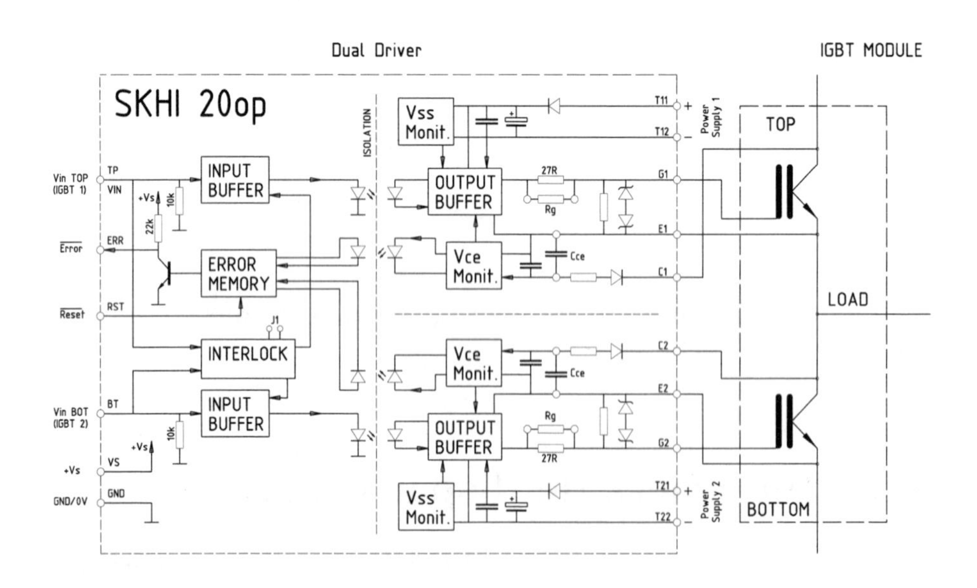

Figura 4.16: Interface de disparo (driver) – Cortesia Semikron

Como ilustrado, o isolamento entre as tensões de controle das chaves e o circuito de potência é feito via optoacopladores, notando-se que existe um bloco de detecção de erro (error memory) que monitora as tensões coletor-emissor das chaves (V_{ce} Monit.), também de forma ótica. Este bloco se ativa quando as tensões monitoradas não são coerentes com as tensões de controle das chaves. Adicionalmente, este módulo possui uma característica funcional que permite programar um tempo morto entre os sinais de comando das chaves (Interlock), evitando que ambas conduzam simultaneamente, produzindo um curto-circuito.

4.5 Conclusões

Neste capítulo, foram mostradas as noções dos circuitos de potência utilizados para alimentar as bobinas dos mancais magnéticos. As suas estruturas dependem da estratégia de controle, seja com imposição de corrente ou com imposição de tensão. Em geral, prefere-se utilizar circuitos chaveados ao invés de circuitos lineares devido a que as perdas nas chaves, no primeiro caso, se concentram na comutação. Diversos fabricantes oferecem interfaces de disparo as quais facilitam o comando das chaves semicondutoras. Para a verificação do funcionamento dos circuitos de potência das fontes de alimentação dos mancais magnéticos, os programas de simulação se mostram ferramentas valiosas de projeto.

4.6 Exercícios

Para estes exercícios, é necessário dispor de um simulador de circuitos. Sugere-se utilizar a versão gratuita do PSPICE for Windows.

Exercício 4.6.1 *Verificar a diferença entre as tensões geradas nas cargas resistivas dos circuitos mostrados nas figuras 4.5 (a) e (b). Considerar* $VS1 = VS2 = \text{sen}\,(377t)$.

Para os próximos exercícios, supor que uma bobina de mancal magnético possa ser modelada por um indutor de 100mH e um resistor em série de 50ohm.

Exercício 4.6.2 *Simular uma fonte de corrente fornecendo à bobina a corrente unipolar:*

$$i(t) = 1.5 + 0.5\,\text{sen}\,(400t)$$

Exercício 4.6.3 *Simular uma fonte de corrente fornecendo à bobina a corrente bipolar:*

$$i(t) = 2\,\text{sen}\,(400t)$$

Exercício 4.6.4 *Na prática, a indutância de uma bobina de um mancal magnético é função do seu entreferro* x. *Considerando que ela possa ser representada pela equação* $L(x) = 0{,}00005/x$, *e que se utiliza o circuito com condução unidirecional mostrado na figura 4.14, avaliar a mudança das taxas iniciais de variação da corrente, equações (4.6) e (4.8), para uma variação na posição de* $\pm 25\%$ *em torno do entreferro nominal* $x_0 = 0{,}0005$ *m. Considere uma fonte de tensão de* $100\,V$, *a corrente mínima* $0{,}8A$ *e a máxima* $1{,}2A$.

Dicas: Utilizar o conceito de fonte de tensão (VSI) controlada por corrente, e, se for necessário, amplificadores operacionais.

Referências Bibliográficas

[1] MIZUNO, T., ARAKI, K., AND BLEULER, H. On the stability of controllers for self-sensing magnetic bearings. In *Proceedings of the SICE — Sapporo, Japan* (1995), pp. 1599 - 1604.

[2] MOHAN, UNDERLAND, AND ROBBINS. *Power Electronics.* John Wiley & Sons, 2003.

[3] OHNO, E. *Introduction to Power Electronics.* Clarendon Press — Oxford, 1988.

[4] RASHID, M. H. *Eletrônica de Potência.* Prentice Hall, 1999.

[5] SCHWEITZER, G., BLEULER, H., AND TRAXLER, A. *Active Magnetic Bearings.* Hochshulverlag AG an der ETH Zürich, 1994.

[6] VELANDIA, E. F. R., SANTISTEBAN, J. A., AND PEDROZA, B. C. A displacement estimator for magnetic bearings. In *COBEM 2005, 18th Intl. Congress of Mech. Eng.* (Ouro Preto, 2005), ABCM.

[7] VISCHER, D., AND BLEULER, H. Self-sensing active magnetic levitation. *IEEE Transactions on Magnetics 29*, 2 (March 1993), 1276–1281.

[8] WWW.SEMIKRON.COM. Power semiconductor manufacturer. *Acessado em 20/09/2012.*

Capítulo 5

Aspectos de Realização: sensores e microcontroladores

5.1 Introdução

Na suspensão magnética ativa, sensores de deslocamento são necessários para detectar a posição radial e axial do rotor. Além do deslocamento, a medição das correntes que geram as forças de posição e torque faz-se necessária. Reduzir o custo dos sensores é importante no desenvolvimento, uma vez que estes podem representar uma parte significativa dos gastos. Neste aspecto, os sensores que se valem do efeito Hall são os mais empregados. Os problemas práticos e soluções relativas à escolha de sensores são descritos neste capítulo.

Uma das tecnologias mais promissoras para o desenvolvimento dos algoritmos de controle dos mancais magnéticos é a eletrônica embarcada. A disponibilidade comercial dos DSPs (Digital Signal Processor) representa um grande avanço neste sentido. Assim, os DSPs também

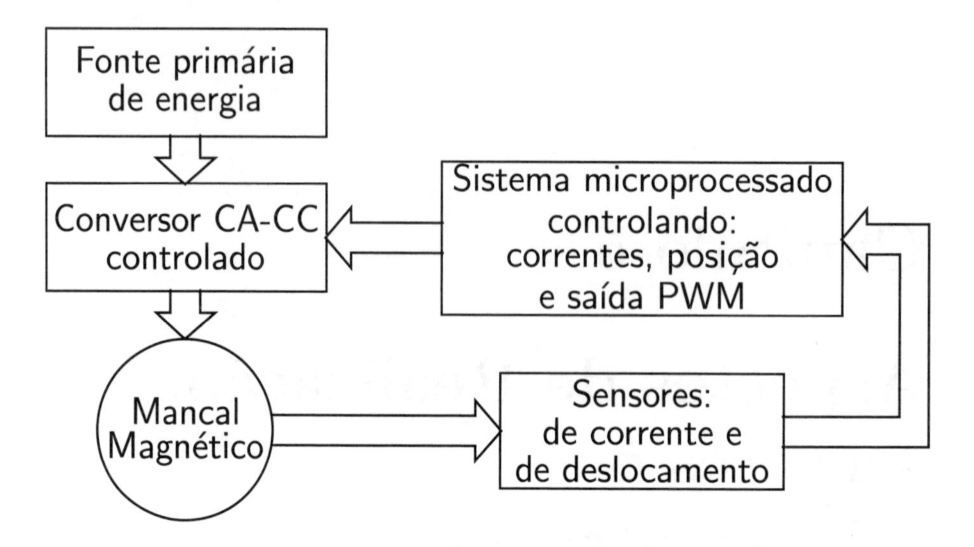

Figura 5.1: Estrutura básica de sistema com Mancal Magnético

serão abordados neste capítulo, mostrando os principais fabricantes e características dos mais utilizados. A figura 5.1 mostra como estes componentes atuam em um sistema com mancais magnéticos.

5.2 Sensores de deslocamento

Há três princípios básicos de sensores de deslocamento: capacitivo, laser e eletromagnético. Em sensores capacitivos, o comprimento do entreferro é detectado usando uma variação da capacitância, logo um bom isolamento entre sensor e cabo é necessário. Além disso, o ar deve ser limpo de óleo e de outras partículas capazes de afetar o dielétrico. Em sensores laser, o deslocamento é detectado por laser refletido, de modo que uma superfície alvo uniforme é necessária para evitar ruídos. Os sensores eletromagnéticos são considerados os melhores para aplicações de uso geral, e serão descritos nos próximos parágrafos.

A figura 5.2 mostra a estrutura e o princípio de funcionamento de um sensor de deslocamento eletromagnético: um núcleo em forma de E tem um enrolamento com dois terminais. O alvo (eixo rotor) é desenhado como uma barra retangular sólida. A impedância de entrada nos terminais varia de acordo com o comprimento l_g do entreferro [1]. Se os terminais de entrada são alimentados por uma tensão de alta frequência, a impedância da bobina será dominada pela indutância (que é a parte variável da impedância). Existem dois tipos de sensores eletromagnéticos. Um deles é chamado indutivo, enquanto o outro é do tipo corrente parasita.

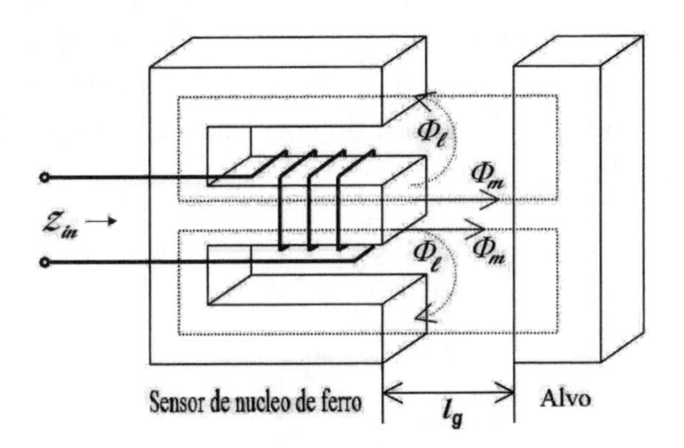

Figura 5.2: Princípio do sensor de deslocamento eletromagnético: a impedância de entrada nos terminais varia de acordo com o comprimento l_g do entreferro.

Em sensores indutivos, o alvo é feito de um material ferromagnético de alta permeabilidade, como aço silício laminado, ferrita ou aço carbono. A frequência da tensão de excitação encontra-se na faixa de 20–100KHz. Aqui a indutância varia em função do comprimento do entreferro (aproximadamente de modo inverso). Se o comprimento do entreferro é pequeno, então há alta impedância. Nos sensores de corrente parasita, o alvo é de material condutor. Aqui a indutância varia diretamente com o comprimento do entreferro [2].

5.3 Sensores de corrente

Os sensores de corrente, assim como os demais sensores usados no mancal magnético, são importantes para que o controle de posicionamento trabalhe em condições apropriadas e possa impor as mudanças necessárias para o correto funcionamento do rotor. Na maioria dos trabalhos conhecidos, são usados sensores de corrente de efeito Hall, especificamente, do fabricante LEM, que pode ser configurado para diferentes níveis de correntes, sua alimentação é em 5,0 Vcc e a relação $I_P \times V_{\text{out}}$ é mostrada no gráfico da figura 5.3, específica para o sensor de efeito Hall LTS 6-NP (a escala da corrente de I_p depende do modelo de sensor utilizado).

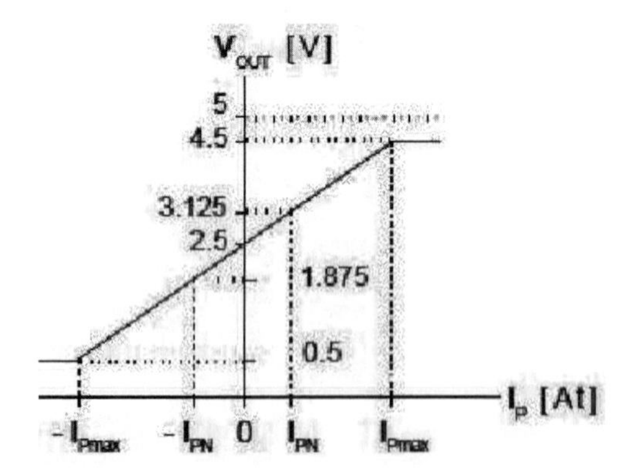

Figura 5.3: Corrente nominal × tensão de saída para o sensor de efeito Hall LTS 6-NP com alimentação em 5,0 Vcc.

Uma alternativa para adequar a tensão de saída do sensor de corrente à entrada dos DSPs é mostrada na figura 5.4 [3]. Essa figura é específica para o sensor LTS 6-NP para as entradas analógicas do conversor A/D da placa eZdspTMF2812; analisando o seu circuito, verifica-se que foi utilizado um filtro passa-baixa na entrada não inversora e aplicada uma tensão e offset de $-1{,}90V_{CP}$ à entrada inversora.

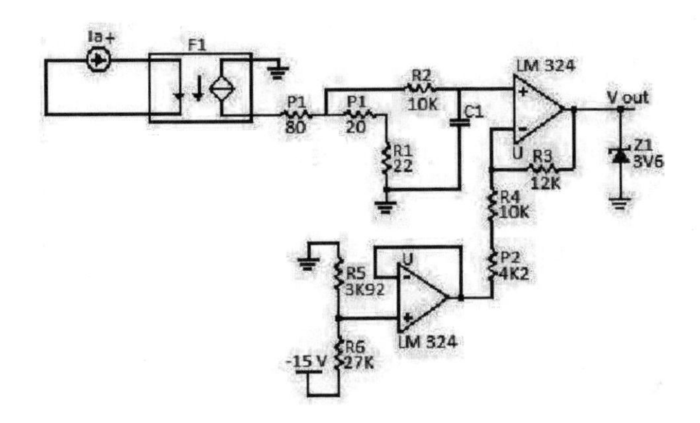

Figura 5.4: Condicionamento de sinal para sensor LTS 6-NP para as entradas analógicas do conversor A/D da placa eZdspTMF2812.

5.4 Eletrônica embarcada em MMs

Um sistema embarcado é uma combinação de hardware, software e outras partes mecânicas adicionais, projetado para realizar uma função específica. Na figura 5.5, um sistema embarcado genérico é composto por quatro componentes: entrada(s), memória, processador e saída(s). As entradas e saídas podem ser analógicas ou digitais. A memória pode ser RAM (volátil, permite tanto leitura quanto escrita), ROM (não volátil, permite apenas leitura) ou FLASH (não volátil, permite tanto leitura quanto escrita). O processador pode ou não ter suporte a dados do tipo ponto flutuante.

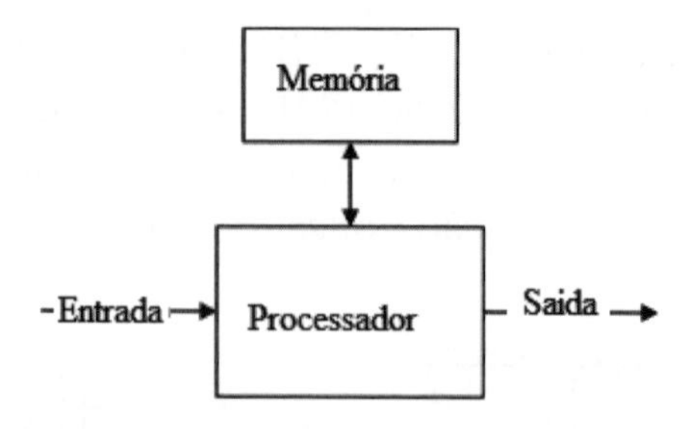

Figura 5.5: Sistema embarcado genérico

5.4.1 Memória

A tabela 5.1 cita alguns requisitos que devem ser levados em conta no projeto de um sistema embarcado.

Tabela 5.1: Principais requisitos para sistemas embarcados

Critério	\$ Baixo	\$ Médio	\$ Alto
processador	4 ou 8 bits	16 bits	32 bits
memória	< 16 kB	64 kB a 1 MB	> 1 MB
US\$ desenvolv.	$< 10^5$	10^5 a 10^6	$> 10^6$
US\$ produção	< 10	10 a 1.000	> 1.000
unidades	< 100	100 a 10.000	> 10.000
vida útil	meses	anos	décadas
viabilidade	pode falhar	deve ser confiável	sem falhas

Pode-se inferir que um sistema embarcado de baixo custo trabalha com um processador de 4 ou 8 bits, utiliza pouca memória e possui uma vida útil relativamente curta, enquanto um sistema de alto desempenho (e consequentemente com custo mais elevado) utiliza processadores de 32 bits e, assim, exige uma quantidade maior de memória e possui vida útil relativamente longa.

5.4.2 DSPs

Processadores de uso geral, popularmente conhecidos como microprocessadores, são projetados para ter ampla funcionalidade e serem usados em uma extensa variedade de aplicações. Objetivam apresentar um desempenho máximo em torno de uma larga gama de aplicações. Processadores especializados (ou dedicados), por outro lado, são projetados para tirar proveito de uma funcionalidade limitada exigida pela aplicação específica. DSP é um tipo de processador especializado, projetado com foco em aplicações de processamento de sinais. A tabela 5.2 destaca algumas aplicações que utilizam DSPs.

Tabela 5.2: Aplicações de DSPs da Texas Instruments

	C6000	**C5000**	**C2000**
Áudio	×	×	
Automotiva			×
Comunicação	×	×	×
Industrial			×
Médica	×	×	×
Vídeo	×	×	
Sem fio	×	×	

Como os DSPs são processadores especializados, há pouco ou nenhum suporte a características tais como: gerenciamento de memória virtual, proteção de memória e certos tipos de exceções.

Os fabricantes de DSPs mais conhecidos são: Analog Devices, Motorola e Texas Instruments. A tabela 5.3 mostra as principais famílias de DSPs desses fabricantes.

Tabela 5.3: DSPs mais comuns atualmente

Fabricante	**Família**	**Ponto**	**Veloc. max.**
	TMS320C24x	fixo	40MHz
	TMS320C28x	fixo/flut.	300MHz
	TMS320C54x	fixo	160MHz
Texas Instr.	TMS320C55x	fixo	600MHz
	TMS320C62x	fixo	300MHz
	TMS320C64x	fixo	1.2GHz
	TMS320C67x	flutuante	300MHz
	ADSP218x	fixo	80MHz
	ADSP21xx	fixo	160MHz
Analog Devices	ADSP213xx	flutuante	450MHz
	ADSP-BF5xx	fixo	750MHz
	ADSP-TS20x	fixo/flut.	600MHz
	DSP56300	fixo	275MHz
	DSP568xx	fixo	40MHz
Freescale	DSP5685x	fixo	120MHz
	MSC71xx	fixo	200MHz
	MSC81xx	fixo	400MHz

Características de um DSP: como já mencionado, DSP é um tipo particular de microprocessador que contém algumas características e componentes comuns, tais como: CPU, memória, conjunto de instruções e barramento. Entretanto, nos DSPs, cada um destes componentes é personalizado levemente para desempenhar determinadas funções de forma mais apropriada. Um DSP tem hardware e conjunto de instruções otimizadas para processamento numérico de alta velocidade e alto poder de processamento em tempo real de sinais analógicos. Para ser considerado DSP, é necessário que o processador:

1. Tenha alguns algoritmos matemáticos prontos a ser utilizados via circuitos;

2. Seja capaz de realizar milhões de multiplicações e adições por segundo;

3. Consiga processar a informação em tempo real.

Vantagens do processamento digital: há várias vantagens no uso de processamento digital ao invés do analógico.

- **Mutabilidade:** é fácil reprogramar sistemas digitais para outras aplicações ou realizar uma sintonia em sistemas já existentes. Um DSP permite realizar mudanças e atualizações de forma rápida e prática em um sistema.

- **Repetibilidade:** componentes analógicos têm características que podem variar com o tempo ou até mesmo com a variação de temperatura. Uma solução digital programável é muito mais repetitível devido à natureza programável do sistema. Sistemas com múltiplos DSPs, por exemplo, podem também executar exatamente o mesmo programa e serem bastante repetitíveis.

- **Tamanho, peso e potência:** uma solução com DSP implica em uma potência dissipada menor do que se fossem utilizados apenas componentes de hardware.

- **Confiabilidade:** sistemas analógicos são confiáveis desde que os dispositivos de hardware funcionem apropriadamente. Se algum destes dispositivos falhar devido a condições físicas, o sistema inteiro irá se degradar ou falhar. Uma solução que utilize software implementado em DSP funcionará adequadamente desde que o software seja implementado corretamente.

- **Expansibilidade:** para adicionar mais funcionalidade ao sistema analógico, o engenheiro precisa adicionar mais hardware. Isso nem sempre é possível. Para adicionar a mesma funcionalidade a um DSP, basta adicionar software, que é bem mais simples.

Comparação com outras plataformas digitais: cinco plataformas são amplamente utilizadas em sistemas que exigem processamento digital, como se vê na Tabela 5.4:

1. chips com propósito especial, ASICs;
2. FPGAs;
3. microprocessadores ou micro controladores de uso geral (μP/μC);
4. processadores digitais de sinais de uso geral (DSP);
5. DSPs com aceleradores de hardware para aplicações específicas.

Comparativamente, as soluções que utilizam ASICs e FPGAs, os DSPs apresentam como vantagens a facilidade no desenvolvimento do projeto e também a reprogramação, permitindo uma futura atualização ou correção de erros. Geralmente, os DSPs têm um melhor custo benefício em relação a hardware personalizado, como ASICs e FPGAs, especialmente para produção de poucas unidades. Em comparação a microcontroladores e microprocessadores, os DSPs apresentam maior velocidade, melhor gerenciamento de energia e custo mais baixo.

Tabela 5.4: Resumo de implementação de DSP em Hardware

	ASIC	**FPGA**	μ**P/**μ**C**	**DSP**	**DSP com hardware acelerado**
flexibilidade	nenhuma	limitada	alta	alta	média
tempo de desenvolv.	longo	médio	curto	curto	curto
consumo	baixo	baixo a médio	médio a alto	baixo a médio	baixo a médio
desempenho	alto	alto	baixo a médio	médio a alto	alto
custo de desenvolv.	alto	médio	baixo	baixo	baixo
custo de produção	baixo	baixo a médio	médio a alto	baixo a médio	médio

5.5 Conclusões

Foram apresentados, neste capítulo, alguns componentes importantes para configurar um sistema de mancal magnético, como sensores de deslocamento, de corrente e eletrônica embarcada. Existem várias alternativas de monitoramento de sinais, mas predomina, na maioria de aplicações, o de tipo corrente parasita para medir deslocamentos e o de efeito Hall para correntes.

5.6 Exercícios

Exercício 5.6.1 *Quais as principais características de sensores de posição para aplicação em Mancais Magnéticos? Quais os mais adequados?*

Exercício 5.6.2 *Por que o sensor de correntes parasitas é o mais utilizado para medir distâncias do entreferro em Mancais Magnéticos?*

Exercício 5.6.3 *Indique quais as principais características do DSP para poder ser utilizado em sistemas de controle de Mancais Magnéticos.*

Exercício 5.6.4 *Com base na resposta anterior, qual DSP de um determinado fabricante satisfaz os requisitos para ser utilizado em sistemas de Mancais Magnéticos?*

Referências Bibliográficas

[1] Chiba, A., Power, D. T., and Rahman, M. A. Characteristics of a bearingless induction motor. *IEEE Transactions on Magnetics* (September 1991), 5199–6201.

[2] Chiba, A., and Salazar, A. O. Comparison between two winding systems (tws) and split winding system (sws) in induction bearingless machine. In *IV Congresso Brasileiro de Eletromagnetismo* (Brasil, 2000).

[3] de S. Ferreira, J. M. *Proposta de Máquina de Indução Trifásica sem Mancal com Bobinado Dividido.* M. Sc. tese, UFRN — Natal, 2002.

Capítulo 6

Motor-Mancal

6.1 Introdução

Com o avanço das tecnologias de sensoriamento para mancais magnéticos e novas possibilidades de processamento digital oferecidas pelos DSPs, como visto no capítulo anterior, torna-se viável a alternativa de juntar os efeitos motor e mancal em uma única estrutura que realize ambos. Neste caso, o mesmo campo magnético que produz torque também é usado na obtenção de forças laterais para fixar radialmente o rotor. Na literatura em inglês, utiliza-se preferencialmente o termo "self bearing motors". Esta alternativa pode ser aplicada em motores de indução, motores síncronos, motores de relutância ou mesmo SR-Drives [1]. Neste capítulo, descreve-se parte da pesquisa sobre motores elétricos de indução como motor-mancal. Os motores de indução são os equipamentos elétricos rotativos mais versáteis e robustos usados na indústria moderna. Em algumas aplicações bem específicas, é interessante eliminarem-se os mancais mecânicos que sustentam o rotor. Juntando-se a robustez de um motor de indução à peculiaridade dos mancais magnéticos, chega-se ao motor-mancal de indução.

Com relação à configuração do estator, atualmente duas estruturas são usadas para as máquinas de indução sem mancais. A primeira é chamada de sistema com dois enrolamentos; a segunda é chamada de sistema com enrolamentos divididos [3]. A diferença entre as duas reside em como é controlada a distribuição do fluxo magnético dentro da máquina, de modo a se obter as forças de posicionamento radial.

O sistema com dois enrolamentos foi o primeiro proposto [2], em que é acrescentado um conjunto de enrolamentos que altera a distribuição do fluxo através de superposição magnética, produzindo as forças de posicionamento radiais, além do torque para a rotação. O segundo esquema proposto [8] divide os enrolamentos do estator em grupos opostos espacialmente e controla a distribuição do fluxo pelo desbalanço de correntes entre estes pares de grupos, ou seja, a soma das componentes de torque e força radial é efetuada previamente, antes de se aplicar as correntes aos enrolamentos do estator.

Esse segundo sistema, com enrolamentos divididos, aproveita a estrutura do estator de uma máquina de indução convencional para produzir tanto forças de rotação como de posicionamento e será a configuração descrita neste capítulo, tendo em vista que a outra já se encontra bem documentada em [1]. Os primeiros trabalhos com esse tipo de sistema usaram um motor de quatro polos bifásico, cujo enrolamento de uma das fases era divido em quatro grupos, que eram dispostos simétrica e ortogonalmente entre si [9]. Mais tarde, surgiu a proposta de implementação com um motor de quatro polos trifásico, em que cada uma das fases era separada em um par de grupos opostos, totalizando seis bobinas no estator [4]. A implementação desta última foi realizada com sucesso, tendo-se mostrado factível [5]. O esforço de otimização deste último sistema levou a algumas modificações sobre a estrutura de controle digital, a configuração do rotor e a estratégia de aplicação dos sinais de posicionamento radial.

6.1.1 Visão Geral do Sistema

Um motor de indução sem mancais requer a sustentação de um corpo no espaço, o rotor, através do controle de forças magnéticas. Estas forças que atuam sobre o rotor podem ser de dois tipos:

> forças de Lorentz, que agem em direção tangencial à sua superfície cilíndrica e são usadas para gerar o torque;
>
> forças de relutância, que agem em direção normal à sua superfície cilíndrica e são aproveitadas para posicioná-lo radialmente.

Como visto no capítulo 1 deste livro, a força de relutância é derivada a partir da energia armazenada no campo magnético, a qual pode ser convertida em energia mecânica. Esta força sempre surge sobre a superfície de meios de diferentes permeabilidades magnéticas, como o ar e o ferro. E ela atua no sentido de diminuir a energia magnética armazenada. Nas próximas seções, será mostrado como este tipo de força é empregado no sistema de estabilização da máquina de indução trifásica sem mancais.

6.1.2 Caracterização do motor-mancal

O motor-mancal analisado baseia-se em um protótipo em que a função de mancal fica implícita na máquina elétrica [4]. Na maioria dos protótipos, o eixo longitudinal (eixo z) é mantido na direção horizontal. São duas máquinas, cada uma delas controla dois graus de liberdade x_1-y_1 e x_2-y_2. São ao todo cinco graus de liberdade para o posicionamento, sendo o quinto deles o deslocamento do eixo principal (eixo z), cujo controle, no presente trabalho, foi realizado por mancais axiais convencionais. A rotação também representa um grau de liberdade, mas que não diz respeito à função mancal.

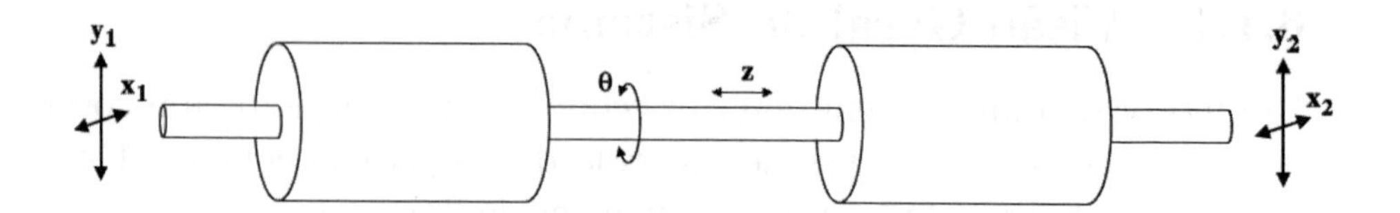

Figura 6.1: Graus de liberdade de movimentos do rotor

A figura 6.1 ilustra os movimentos possíveis do rotor, destacando os eixos que serão controlados: x_1, y_1, x_2 e y_2. A figura 6.2 mostra um corte vertical sobre o protótipo, detalhando as disposições dos dois estatores e rotores; não aparecem os enrolamentos de cobre, somente a estrutura simplificada do motor. Basicamente, o sistema funciona como dois motores acoplados mecanicamente por um eixo em comum.

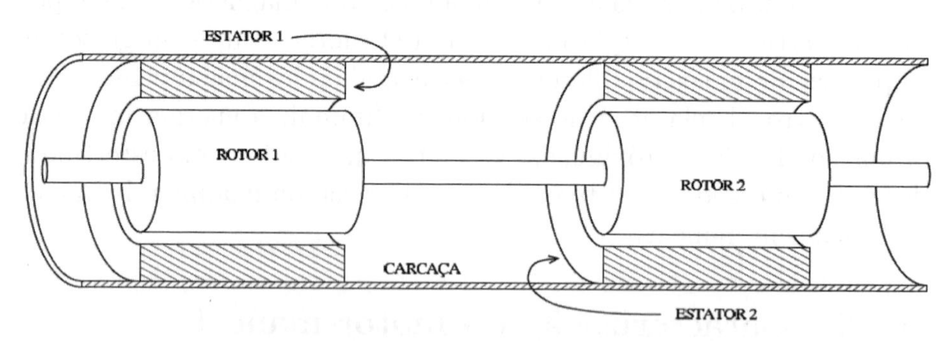

Figura 6.2: Disposição dos estatores e rotores na máquina

6.1.3 Configuração do estator

O esquema de ligação de cada estator é trifásico de quatro polos, na configuração de polos consequentes. Ou seja, só há dois grupos de bobinas para cada fase, totalizando seis grupos, distribuídos ao longo das ranhuras do estator.

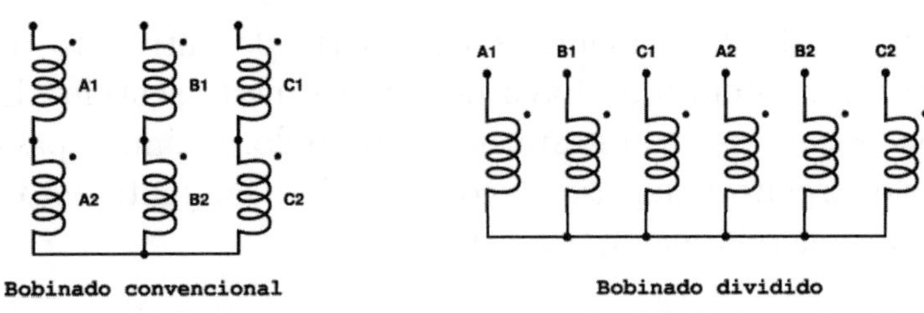

Figura 6.3: (a) Bobinado convencional, (b) Bobinado dividido

A figura 6.3(a) mostra a conexão convencional para acionar o motor; a única diferença com relação àquela de um motor convencional é que os pares de grupos opostos não são ligados em série: dividem-se estes pares, alimentando cada um independentemente, explicando o nome da configuração motor-mancal com bobinado dividido.

6.1.4 Forças radiais

Para um melhor entendimento sobre a configuração das forças radiais atuando no rotor, é necessário visualizar a distribuição interna do fluxo magnético. Na figura 6.4, um corte transversal sobre a máquina permite notar a disposição dos enrolamentos dentro do estator.

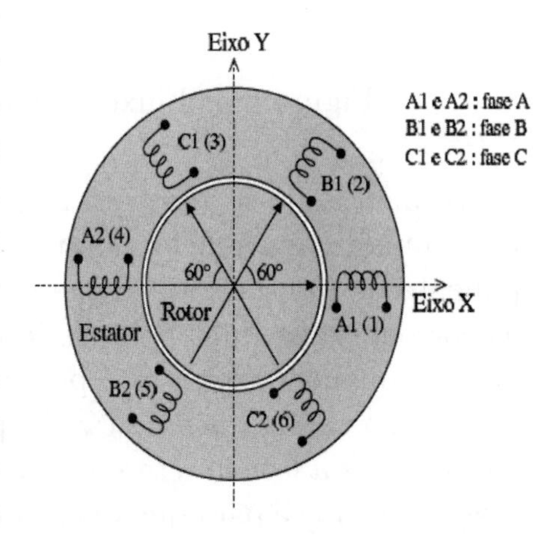

Figura 6.4: Disposição dos grupos de bobinas no estator

Alimentando apenas a bobina A1, tem-se uma configuração de fluxo representada aproximadamente na figura 6.5. Somente uma linha de fluxo está desenhada, indicando genericamente o caminho preferencial. Existe uma maior concentração de fluxo magnético na parte do entreferro mais à direita, resultando em uma força de atração neste sentido. Esta força tenta encostar o rotor ao estator, facilitando, assim, a passagem de fluxo pelo circuito magnético, acomodando o conjunto em um estado com menor energia magnética armazenada.

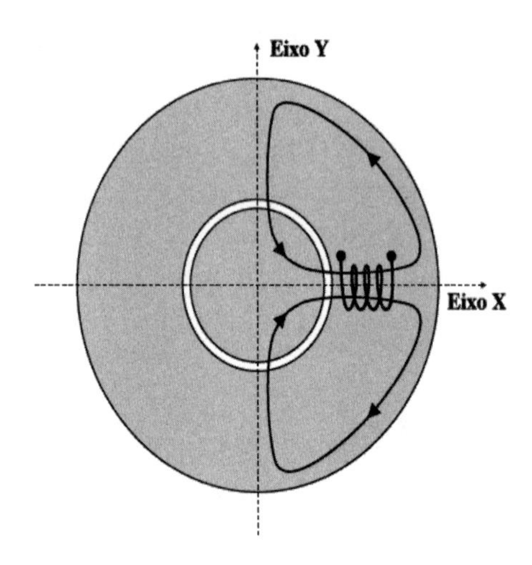

Figura 6.5: Fluxo magnético devido a uma bobina

Alimentando-se também o grupo oposto, A2, a configuração do fluxo muda para aquela mostrada na figura 6.6. Surge aqui um componente de força para a esquerda, contrabalançando a da direita. Se as correntes nas duas bobinas forem iguais, as duas forças opostas se anulam quando o rotor está perfeitamente no centro. No entanto, esta não é uma configuração estável: qualquer pequeno deslocamento para a direita faz a força neste sentido aumentar em relação à outra força; o mesmo acontece para qualquer movimento para a esquerda. Ou seja, a força magnética passiva atua quase sempre no sentido de fazer o rotor se aproximar do estator. Neste caso, somente o controle ativo desta força pode estabilizar o sistema.

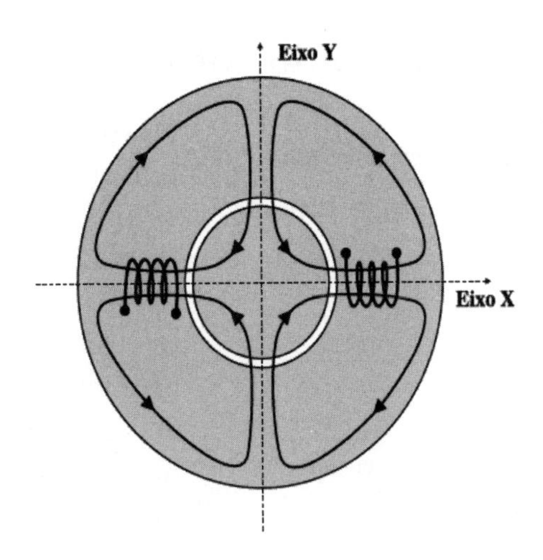

Figura 6.6: Fluxo magnético devido a duas bobinas opostas

Supondo o rotor exatamente centrado e as correntes nas duas bobinas iguais, para obter uma força para a esquerda basta aumentar a corrente deste lado e diminuir igualmente a do lado direito. Assim, a densidade de fluxo magnético fica maior na região de entreferro da esquerda e o rotor é atraído para lá. Este procedimento caracteriza o chamado modo diferencial, já descrito anteriormente nos capítulos 1, no exercício 1.7.1 e 3, na seção 3.5.

Através dessa atuação diferencial sobre as correntes que fluem pelas duas bobinas, pode-se, então, gerar forças que estabilizem a posição do rotor no centro. Isso vale para qualquer par de bobinas opostas e a força obtida atua ao longo do eixo que passa pelo centro delas. Ou seja, pode-se controlar forças de posicionamento para qualquer direção do plano transversal, superpondo-se os efeitos ao longo dos três eixos de atuação, representados na figura 6.4 pelas setas desenhadas dentro do rotor.

6.1.5 Configuração do rotor

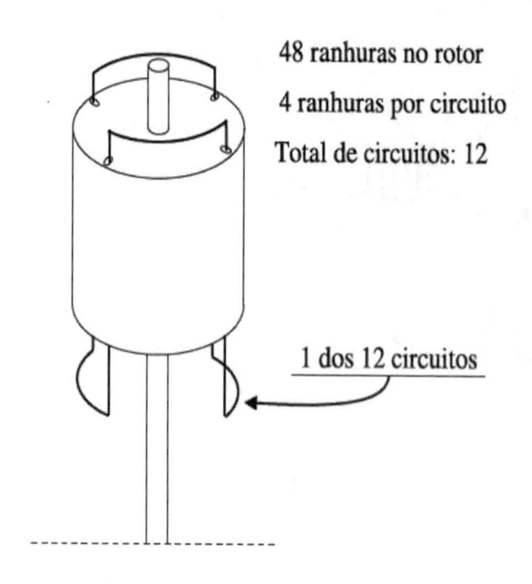

Figura 6.7: Configuração de um dos circuitos do rotor

O rotor utilizado é composto por circuitos elétricos fechados, os quais praticamente não oferecem resistência à variação diferencial do fluxo magnético entre dois grupos opostos. A geometria característica de um destes circuitos está mostrada na figura 6.7 ao lado. Por uma maior simplicidade, apenas 4 ranhuras estão representadas nessa figura, para indicar como cada um dos 12 circuitos é formado. A maneira como uma corrente induzida flui em um destes circuitos está indicada através de um corte transversal no rotor. A figura 6.8 mostra que a corrente deve obedecer ao percurso fechado que o circuito elétrico restringe dentro do rotor.

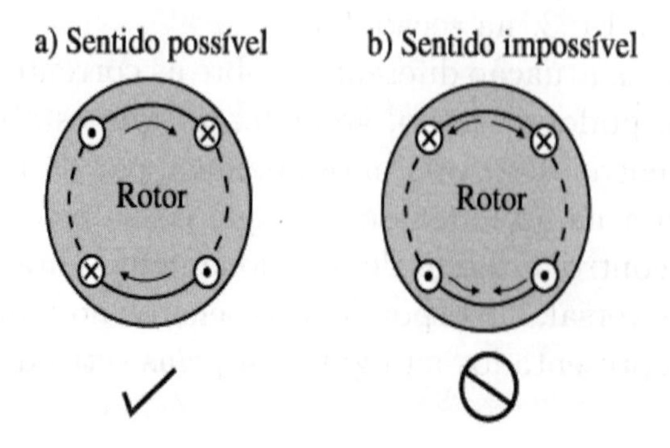

Figura 6.8: Circulação de correntes induzidas dentro do rotor

Na figura 6.9, o corte transversal no motor mostra como são induzidas correntes por causa da variação do fluxo magnético. Aqui, o sentido da corrente é tal que reage ao aumento do fluxo total na máquina, de acordo com a Lei de Lens e com a regra da mão direita.

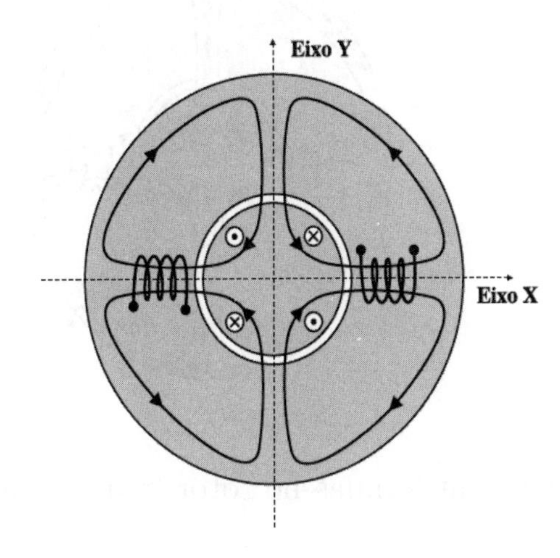

Figura 6.9: Indução no rotor pelo aumento do fluxo magnético

No momento que existe um desbalanceamento entre as bobinas associadas ao eixo X, tal como mostra a figura 6.10, com as linhas de campo mais finas, a densidade de fluxo aumenta no lado direito gerando uma força radial para a direita.

Esta configuração dos circuitos do rotor favorece o controle da distribuição do fluxo dentro da máquina, supondo-se a aplicação do modo de atuação diferencial descrito antes. Com isso, a estabilização do sistema pode ser mais facilmente obtida, pois o fluxo de posicionamento radial atua rapidamente, sem a reação direta de correntes no rotor. As causas para a indução eletromagnética ficam restritas à rotação do fluxo magnético em relação ao rotor e à variação total da amplitude desse fluxo. Portanto, correntes induzidas que exercem algum efeito sobre o controle de posição radial só aparecem pela aplicação de torque de carga ao eixo da máquina.

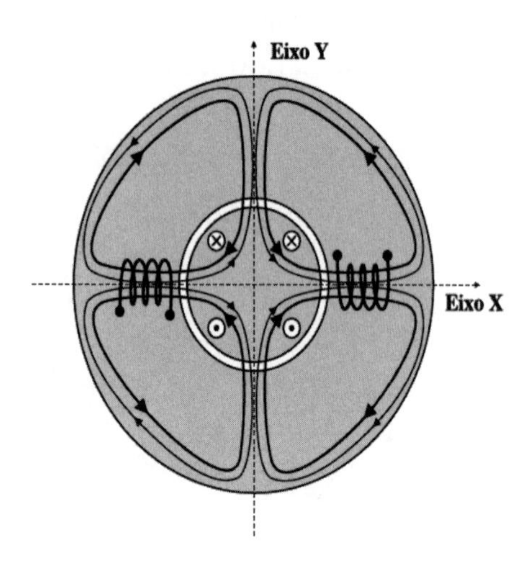

Figura 6.10: Correntes nulas no rotor frente à variação diferencial do fluxo

6.1.6 Forças tangenciais

Para se acionar o motor, referências de correntes trifásicas devem ser impostas aos três pares de grupos de bobinas. As correntes que percorrem dois grupos opostos estão em fase e alternam-se de acordo com a frequência de acionamento da máquina. Anteriormente, analisou-se o surgimento das forças radiais sem considerar a relação fasorial entre as correntes no estator. Se esta frequência for relativamente alta, próxima da nominal (60Hz), isso não representa impedimento ao controle posicional simples [4] pois aproveita-se a componente média da força pulsante gerada. No entanto, para frequências mais baixas, isto se torna impossível, dado que a falta de controle durante os instantes de troca de polaridade prejudica muito a estabilização do sistema.

Esta falta de controle ocorre durante os momentos em que se anula a componente principal dos fluxos que passam pelas regiões do entreferro correspondentes a um par de bobinas opostas. Nestes instantes, a componente diferencial de corrente para gerar forças radiais cria concentrações de fluxos magnéticos de igual magnitude, mas com sentidos opostos (entrando no rotor de um lado e saindo dele do outro). Isso não contribui para definir uma força magnética útil, pois esta surge somente quando os valores absolutos dos fluxos opostos são desbalanceados. Para evitar este lapso, deve-se considerar a interação entre todas as fases, aproveitando-se a diferença de 120° entre elas e usando todas as três direções de atuação possíveis para gerar a força magnética sobre o rotor.

A partir da motivação anterior, busca-se uma maneira alternativa de se distribuir as componentes da força radial entre os três pares de bobinas opostas. No entanto, para se compor forças em um plano, duas direções são suficientes. Disso, conclui-se que existe um grau de liberdade para a solução encontrada, a qual consiste em se aplicar uma transformação sobre os dois sinais de controle posicionais que permita distribuir a força radial entre as três direções de atuação. Esta transformação deve fazer a força instantânea aplicada ao rotor seguir a referência comandada pelo controlador posicional, independentemente da configuração do fluxo magnético. Esta transformação é função do ângulo de acionamento trifásico e incorpora termos senoidais de uma matriz de transformação rotacional.

6.1.7 Diagrama do sistema de controle

O sistema de controle proposto possui três malhas, que são: a malha de controle da posição radial, a malha de controle de corrente e a malha de controle de velocidade, na qual pode-se utilizar controladores clássicos como PI e PID ou ainda aplicá-los em conjunto com controladores baseados em Inteligência Artificial.

O sistema dispõe de seis controladores de corrente do tipo Proporcional cuja saída controla, individualmente, seis inversores monofásicos, sendo um para cada meia bobina de cada fase do estator. Atualmente, já existe a implementação dos controles de posição e de corrente em DSP [6]. A partir do sistema de controle já implementado, o trabalho [7] propõe o controle vetorial de velocidade utilizando um estimador de fluxo e velocidade baseado nas técnicas de Inteligência Artificial como forma de tratar as não linearidades e variações de parâmetros da máquina.

As entradas do estimador de fluxo e velocidade são as tensões e as correntes do estator em coordenadas de Park. O diagrama geral do sistema proposto está mostrado na Figura 6.11 [7].

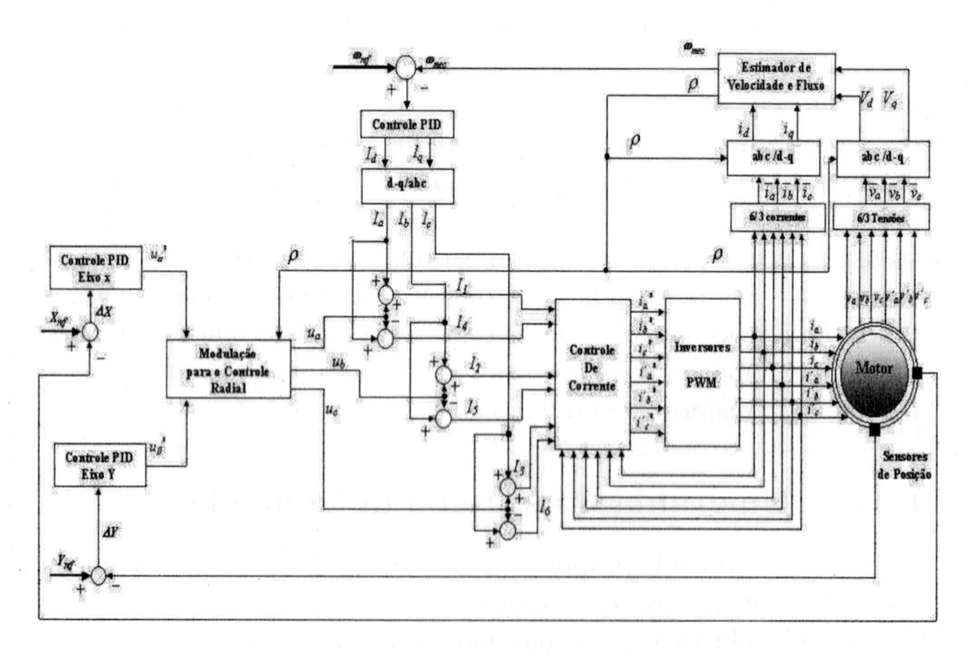

Figura 6.11: Diagrama Geral para o Sistema de Controle

6.2 Conclusões

Foram apresentados, neste capítulo, alguns componentes importantes para configurar um sistema motor-mancal com motores de indução trifásicos do tipo bobinado dividido. Conclui-se que a área de pesquisa de motor-mancal tem um vasto campo a ser estudado tanto do ponto de vista da própria máquina quanto de novas estratégias de controle para aperfeiçoar seu comportamento.

Atualmente, descortinam-se novos horizontes no sentido de tornar o sistema mais compacto e confiável, para poder ser aplicado industrialmente.

6.3 Exercícios

Exercício 6.3.1

Com relação à figura 6.8, quais são as desvantagens desta configuração de rotor com relação à tradicional gaiola de esquilo?

Exercício 6.3.2

Com relação ao motor Dahlander, como deveriam ser modificadas as bobinas do estator para poder ser utilizado como Motor-Mancal?

Referências Bibliográficas

[1] CHIBA, A., FUKAO, T., ICHIKAWA, O., OSHIMA, M., TAKEMOTO, M., AND DORRELL, D. *Magnetic Bearings and Bearingless Drives.* Newnes-Elsevier, 2005.

[2] CHIBA, A., POWER, D. T., AND RAHMAN, M. A. Characteristics of a bearingless induction motor. *IEEE Transactions on Magnetics* (September 1991), 5199–6201.

[3] CHIBA, A., AND SALAZAR, A. O. Comparison between two winding systems (tws) and split winding system (sws) in induction bearingless machine. In *IV Congresso Brasileiro de Eletromagnetismo* (Brasil, 2000).

[4] DE S. FERREIRA, J. M. *Proposta de Máquina de Indução Trifásica sem Mancal com Bobinado Dividido.* M. Sc. tese, UFRN — Natal, 2002.

[5] DE S. FERREIRA, J. M., DE PAIVA, J. A., SALAZAR, A. O., DE CASTRO, F. E. F., AND LISBOA, S. N. D. DSP utilization in radial positioning control of bearingless machine. *ISIE 03 1* (2003), 312–317.

[6] LEONHARD, W. Field-orientation for controlling ac machines — principle and applications. In *Third Intl. Conf. on Power Electronics and Variable Speed Drives* (July 1998), pp. 277 – 282.

[7] PAIVA, J. A., FERREIRA, V., MAITELLI, A., AND SALAZAR, A. O. Performance analysis of a neural flux observer for a bearingless induction machine with divided windings. *Revista Eletrônica de Potência — SOBRAEP 15* (2010), 107–114.

[8] SALAZAR, A. O., AND STEPHAN, R. M. A bearingless method for induction machines. *IEEE Transactions on Magnetics 29* (November 1993), 2965–2967.

[9] SALAZAR, A. O., STEPHAN, R. M., AND DUNFORD, W. An efficient bearingless induction machine. In *COBEP 1993* (1993), pp. 419–424.

Capítulo 7

Mancais Magnéticos no Brasil

Os trabalhos em Mancais Magnéticos no Brasil podem ser divididos em duas grandes frentes.

A primeira diz respeito ao desenvolvimento de Mancais Magnéticos pelo CTMSP (Centro Tecnológico da Marinha) para ultracentrífugas de enriquecimento de urânio. Este projeto bem-sucedido permitiu ao Brasil independência tecnológica em um importante segmento industrial, necessário para a soberania do País. Por questões estratégicas e de segurança nacional, pouca informação existe sobre este desenvolvimento e aperfeiçoamentos. Sabe-se apenas que são empregados mancais eletromagnéticos como os apresentados neste livro.

A segunda linha abrange o desenvolvimento conduzido no âmbito das universidades brasileiras. Naturalmente, neste caso, as informações encontram-se amplamente divulgadas através de artigos técnicos, projetos de fim de curso, dissertações de mestrado e teses de doutorado. Nesta retrospectiva, apenas os trabalhos de mestrado e doutorado serão mencionados. De fato, a partir deles resultam as melhores publicações universitárias.

As teses e dissertações foram organizadas em uma tabela, com o nome dos autores, orientadores, título, ano de conclusão e universidade onde o trabalho foi desenvolvido. O papel multiplicador e disseminador de conhecimento, característico do ensino universitário, encontra-se aqui bem caracterizado.

Espera-se, com este livro, que, no futuro, o crescimento seja maior ainda.

7.1 Teses de Doutorado

1. **Ano:** 1994
   Local: COPPE-UFRJ
   Autor: Andrés Ortiz Salazar
   Orientador: Richard Magdalena Stephan
   Título: Estudo de Motor CA com Mancal Magnético utilizando os Próprios Enrolamentos do Estator

2. **Ano:** 1999
   Local: COPPE-UFRJ
   Autor: José Andrés Santisteban
   Orientador: Richard Magdalena Stephan
   Título: Estudo da Influência da Carga Torsional sobre o Posicionamento de um Motor-Mancal

3. **Ano:** 2000
   Local: COPPE-UFRJ
   Autor: Domingos Brito David
   Orientadores: Arthur Ripper Palmeira Neto, Richard Magdalena Stephan, Afonso Celso Del Nero Gomes
   Título: Levitação de Rotor por Mancais-Motores Radiais Magnéticos e Mancal Axial Supercondutor Auto-Estável

4. **Ano:** 2005
   Local: EPUSP
   Autor: Isaías da Silva
   Orientador: Oswaldo Horikawa
   Título: Mancais Magnéticos Híbridos, do Tipo Atração e com Controle Ativo em um Grau de Liberdade

5. **Ano:** 2006
   Local: UFRN
   Autora: Jossana Maria Ferreira
   Orientador: Andrés Ortiz Salazar
   Título: Modelagem Vetorial de uma Máquina de Indução Trifásica sem Mancais com Bobinado Dividido.

6. **Ano:** 2007
   Local: COPPE-UFRJ
   Autor: Guilherme Gonçalves Sotelo
   Orientadores: Rubens de Andrade Jr., Antonio Carlos Ferreira
   Título: Modelagem de Supercondutores Aplicada ao Projeto de Mancais Magnéticos

7. **Ano:** 2007
   Local: UFRN
   Autor: José Álvaro de Paiva
   Orientador: Andrés Ortiz Salazar
   Título: Controle Vetorial de Velocidade de uma Máquina de Indução sem Mancais Trifásica utilizando Redes Neurais

8. **Ano:** 2008
   Local: USP
   Autor: Paulo Henrique da Rocha
   Orientador: Roberto Moura Salles

Título: Controle H-∞ Não-linear Aplicado em Sistemas de Levitação Magnética: projeto e implementação em DSP de ponto-fixo

9. **Ano:** 2008
Local: UNICAMP
Autor: Rogerio Mendonça Furtado
Orientadora: Katia Lucchesi Cavalca
Título: Desenvolvimento de um Atuador Magnético para Excitação sem Contato de Sistemas Rotativos

10. **Ano:** 2010
Local: UFF
Autor: Elkin Ferney Velandia
Orientador: José Andrés Santisteban
Título: Uma Contribuição à Modelagem e Controle do Motor de Indução Suportado Magneticamente

11. **Ano:** 2012
Local: UFRN
Autor: Valcí Ferreira Victor
Orientador: Andrés Ortiz Salazar
Título: Viabilidade da Utilização de Máquinas de Indução Convencionais como Motores Sem Mancais Mecânicos

7.2 Dissertações de Mestrado

1. **Ano:** 1989
Local: COPPE UFRJ
Autor: Andrés Ortiz Salazar
Orientador: Richard M. Stephan

Título: Mancais Magnéticos para Motores de Indução utilizando os próprios Enrolamentos de Estator

2. **Ano:** 1997
Local: EPUSP
Autor: Isaías da Silva
Orientador: Oswaldo Horikawa
Título: Mancal Magnético do Tipo Atração com Controle Uniaxial

3. **Ano:** 2002
Local: UFRN
Autor: Jossana Maria Ferreira
Orientador: Andrés Ortiz Salazar
Título: Proposta de uma Máquina de Indução Trifásica sem Mancal com Bobinado Dividido

4. **Ano:** 2003
Local: UFF
Autor: Sérgio Roberto Alves Mendes
Orientador: José Andrés Santisteban
Título: Uma Contribuição a Análise e ao Controle Fuzzy de Mancais Magnéticos Axiais.

5. **Ano:** 2003
Local: COPPE-UFRJ
Autor: Neuri Nunes Cardoso
Orientador: Afonso Celso Del Nero Gomes
Título: Controle Simultâneo de Velocidade e Posição em Mancais Motores Magnéticos

6. **Ano:** 2004
Local: UFRN

Autor: Felipe Emmanuel Ferreira de Cstro
Orientador: Andrés Ortiz Salazar
Título: Motor de Indução Trifásico Sem Mancais com Bobinado Dividido: otimização do sistema de posicionamento radial

7. **Ano:** 2005
Local: COPPE-UFRJ
Autor: Leonardo Sodré Rodrigues
Orientador: Afonso Celso Del Nero Gomes
Título: Controle Ótimo Descentralizado a Dois Parâmetros para Mancais-Motores Magnético

8. **Ano:** 2005
Local: COPPE-UFRJ
Autor: Raimundo Nascimento Junior
Orientador: Afonso Celso Del Nero Gomes
Título: Controle por Tensão de Velocidade e Posição em Mancais-Motores Magnéticos

9. **Ano:** 2005
Local: UFF
Autor: Elkin Ferney Velandia
Orientador: José Andrés Santisteban
Título: Observador de Estado para a Estimação de Posição de Mancais Magnéticos.

10. **Ano:** 2007
Local: COPPE-UFRJ
Autor: Raphael Ramos Gomes
Orientadores: Richard M. Stephan, José Andrés Santisteban
Título: Motor Mancal com Controle Implementado em um DSP

11. **Ano:** 2008
Local: COPPE-UFRJ

Autor: Wilmar Lacerda Kauss
Orientador: Afonso Celso Del Nero Gomes, Richard M. Stephan
Título: Motor Mancal Magnético com Controle Ótimo Implementado em um DSP

12. **Ano:** 2008
Local: UFF
Autor: Vagner Patrício das Neves
Orientador: José Andrés Santisteban
Título: Controle de Posição Axial de um Rotor de Motor Elétrico Suportado Por Mancais Magnéticos

13. **Ano:** 2010
Local: EPUSP
Autor: Orlando Homem de Mello
Orientador: Oswaldo Horikawa
Título: Controle de Potência Nula em Mancal Magnético com Controle Uni-Axial

14. **Ano:** 2011
Local: UNICAMP
Autor: Ricardo Ugliara Mendes
Orientadora: Katia Lucchesi Cavalca
Título: Desenvolvimento de um Sistema de Atuação Magnética para Excitação de Sistemas Rotativos

15. **Ano:** 2011
Local: EPUSP
Autor: Fernando Antonio Camargo
Orientador: Oswaldo Horikawa
Título: Acionamento Rotativo em Mancal Magnético com Controle Uni-Axial

16. **Ano:** 2012
    Local: EPUSP
    Autor: Pedro Ivo Teixeira de Carvalho Antunes
    Orientador: Oswaldo Horikawa
    Título: Medição de Posição de Rotor em Mancal Magnético através de Sensor Hall

Apêndice A

Algumas soluções

A.1 Exercícios do capítulo 1

Exercício 1.7.1

1. $F_u = 0{,}6S/\mu_0$ e $F_d = 0{,}2S/\mu_0$

2. $F_u = 3F_d$

3. Existe controle da força nos dois sentidos no modo diferencial.

Exercício 1.7.2

1. A equação (1.11) ensina que a força é dada pela variação da energia armazenada em relação ao deslocamento. O deslocamento da esfera na região de campo magnético constante não alteraria o valor da energia armazenada dado pela equação (1.12), mesmo considerando as distorções na proximidade da esfera. Com isto, a força resultante é nula.

2. No caso da barra, deslocamentos paralelos ou perpendiculares às linhas de campo também não implicam em variação na energia armazenada. Mas existirá variação para rotações, e a tendência será a barra ficar paralela às linhas de campo, quando a relutância do caminho magnético entre os dois polos for um mínimo.

Exercício 1.7.3

A conclusão é que a equação (1.12) mostrou-se válida neste exercício.

Exercício 1.7.4

1. Fazendo o gap inicialmente nulo ($g = 0$), o fluxo magnético na perna central será dado por $\phi = B_r S$. Nas pernas laterais, o fluxo, por simetria, será a metade deste valor. Substituindo o ímã por uma espira, existirá um gap de ar de comprimento l_m e área S. Para que o fluxo seja o mesmo e aplicando a lei de Ampère, segue:

$$i_{eq} = \int \boldsymbol{H}.\mathrm{d}\boldsymbol{l} = \frac{B_r}{\mu_0} l_m + \frac{B_r}{\mu_{fe}} l_{fe} \approx \frac{B_r}{\mu_0} l_m$$

2. Tomando este valor de corrente equivalente e admitindo agora um gap g, a aplicação da lei de Ampère ao longo de um caminho percorrendo a perna central e uma perna lateral, lembrando ainda que $\mu_{fe} \gg \mu_0$, vem:

$$i_{eq} = \frac{B_g}{\mu_0}(l_m + g) + \frac{B_g}{\mu_0} g \quad \Rightarrow \quad B_g = B_r \frac{l_m}{l_m + 2g}$$

3. A relação $B_m = B_r + \mu_0 H_m$, juntamente com a equação (1.21), resulta, após simples manipulações algébricas, na equação (1.18).

4. Se $l_m \gg 2g$ então $(l_m + 2g) \approx l_m$ e $B_g = B_r$.

Exercício 1.7.5

1. $H_m l_m + H_g g = 0 \Rightarrow l_m = -(H_g g)/H_m$

2. $B_m A_m = B_g A_g \Rightarrow A_m = (B_g A_g)/B_m$

3. Ver figura 1.11.

4. $V_m = l_m A_m = -(H_g B_g)(A_g g)/(H_m B_m) = -[B_g^2/(\mu_0 H_m B_m)]V_g$ logo mínimo de $V_m \Rightarrow$ máximo de $H_m B_m$.

5. Admitindo a curva no 2º quadrante como sendo uma linha reta, o máximo do produto $H_m B_m$ ocorre quando $B_m = B_r/2$ e $H_m = -B_r/(2\mu_0)$.

Exercício 1.7.6

Itens a) e b): Pela continuidade de fluxo magnético, pode-se escrever $B_g A_g = B_m H_m$, portanto:

	B_m	B_g	A_g	A_m
	(T)	(T)	mm^2	mm^2
Ferrita	0,18	1,00	326,50	1813,89
AlNiCo	0,86	1,00	326,50	379,65

Pela Lei de Ampère: $H_g g = H_m l_m$ ou $(B_g/\mu_0)g = H_m l_m$. Portanto:

	H_m	H_g	g	l_m
	(kA/m)	(kA/m)	mm	mm
Ferrita	160,0	$10^4/(4\pi)$	1,00	4,97
AlNiCo	33,5	$10^4/(4\pi)$	1,00	23,75

Item c): Para a ferrita: $V = 1813{,}89\text{mm}\times 4{,}97\text{mm} = 9015{,}03\text{mm}^3$ e para a AlNiCo: $V = 379{,}65\text{mm}\times 23{,}75\text{mm} = 9016{,}69\text{mm}^3$. Os volumes são praticamente iguais.

Item d): Considerando ímãs cilíndricos e com dimensões em valores arredondados:

	raio	altura	comentário
Ferrita	24mm	5mm	gordo e baixo
AlNiCo	11mm	24mm	magro e alto

Exercício 1.7.7

1. $Ni = J(w-2c)(h-c)$, $d = s$ e $A = cb$; da equação (1.16) vem:

$$f = \frac{1}{4}\mu_0 bcJ^2(w-2c)^2(h-c)^2/s^2 = \mu_0 bcJ^2(h-c)^2(w-2c)^2/(2s^2)$$

2. Sugestão: use MATLAB ou EXCEL com $b = 40, h = 60, w = 50, J = 2, 1 < s < 5, 1 < c < 20$.

3. Chamando $K = \mu_0 bJ^2/(2.s)^2$, vem:

$$f = Kc(h-c)^2(w-2c)^2$$

Calculando a derivada de f em relação a c e igualando a zero, chega-se a:

$$K(h-c)(w-2c)[10c^2 - c(3w+6h) + hw] = 0$$

Este resultado independe de b. Além disso, as soluções $c = h$ e $c = w/2$ são geometricamente impossíveis. Restam as soluções de:

$$10c^2 - c(3w+6h) + hw = 0$$

ou seja $c = 44{,}2\text{mm}$ ou $c = 6{,}8\text{mm}$. Apenas o segundo valor é fisicamente viável.

Exercício 1.7.8

$$f_m - mg = m\frac{\mathrm{d}^2}{\mathrm{d}t^2}; \qquad f_m = K_m\left(\frac{i}{d}\right)^2$$

$$f_m = \left.\frac{\partial f_m}{\partial i}\right|_{d_r}\Delta i + \left.\frac{\partial f_m}{\partial d}\right|_{i_r}\Delta d = \frac{2K_m i_r}{d_r^2}\Delta i - \frac{2K_m i_r^2}{d_r^3}\Delta d + K_m\left(\frac{i_r}{d_r}\right)^2$$

Mas $\Delta d = -\Delta h$ e $mg = K_m(i_r/d_r)^2$, logo:

$$\frac{2K_m i_r}{d_r^2}\Delta i + \frac{2K_m i_r^2}{d_r^3}\Delta h = m\frac{\mathrm{d}^2}{\mathrm{d}t^2}\Delta h$$

A figura 1.16 corresponde ao diagrama de blocos representativo da Transformada de Laplace da equação acima. Os polos do sistema resultam das raízes da equação $m.s^2 - k_h = 0$ com soluções $s = \pm\sqrt{k_h/m}$.

$$k_h = 2K_m\frac{i_r^2}{d_r^2}d_r^{-1} = \frac{2mg}{d_r} \qquad \Rightarrow \qquad \frac{k_h}{m} = \frac{2g}{d_r}$$

Para $g = 10\text{m/s}^2$ e $d_r = 1\text{cm} = 0{,}01\text{m}$, resulta $s = \pm 45\text{seg}^{-1}$.

Exercício 1.7.9

$$f_m = K_m\left[\frac{i_r + i_x}{d - \Delta h}\right]^2 - K_m\left[\frac{i_r - i_x}{d + \Delta h}\right]^2$$

Desenvolvendo esta relação e desprezando os termos $(\Delta h)^2$ e i_x^2, resulta:

$$f_m = \frac{4K_m i_r^2}{d^3}\Delta h + \frac{4K_m i_r}{d^2}i_x$$

O mesmo exercício pode ser resolvido aplicando derivadas parciais, como foi feito no exercício anterior.

A.2 Exercícios do capítulo 2

Exercício 2.9.1

1. **Tensor de inércia do conjunto eixo e rotor sem e com desbalanceamento.**

   A figura A.1, a seguir, mostra as posições relativas do eixo, rotor e furação: as coordenadas estão referenciadas ao sistema onde o eixo 1 (vermelho) está alinhado com o eixo de rotação, e o eixo 2 (verde) está direcionado para a posição onde se encontra a furação. O eixo 3 (azul) é determinado pela regra da mão direita.

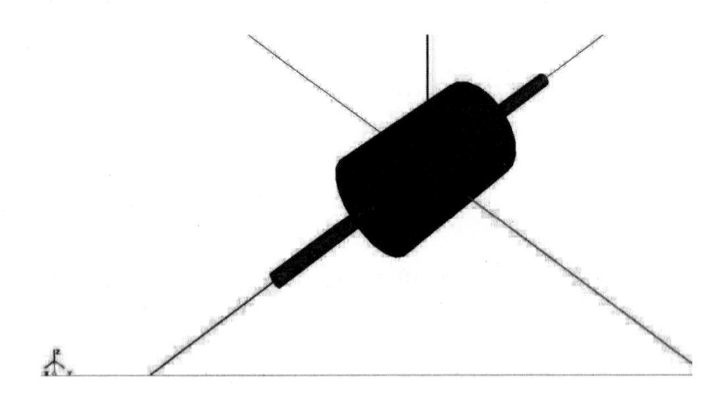

Figura A.1: Modelo do rotor com sistema de coordenadas

- O tensor de inércia (unidade kg m^2) e a massa do eixo sem desbalanceamento (unidade kg) são dados por

$$J_e = \begin{bmatrix} 0{,}015436 & 0 & 0 \\ 0 & 6{,}546164 & 0 \\ 0 & 0 & 6{,}546164 \end{bmatrix} 10^{-4}, m_e = 0{,}1255.$$

- O tensor de inércia e a massa do rotor sem desbalanceamento, nas mesmas unidades, são

$$J_r = \begin{bmatrix} 1{,}482498 & 0 & 0 \\ 0 & 2{,}791706 & 0 \\ 0 & 0 & 2{,}791706 \end{bmatrix} 10^{-3}, m_r = 2{,}4610.$$

- O tensor de inércia e a massa do conjunto eixo-rotor sem desbalanceamento são a soma dos dois anteriores, pois os centros de massa são coincidentes

$$J_c = \begin{bmatrix} 1{,}484042 & 0 & 0 \\ 0 & 3{,}44632 & 0 \\ 0 & 0 & 3{,}44632 \end{bmatrix} 10^{-3}, m_c = 2{,}5860.$$

- Por ser uma furação uma ausência de massa, o tensor de inércia e a massa da furação (todos os três furos simultaneamente) apresentam valores negativos, que devem ser somados depois com a inércia do rotor.

$$J_f = \begin{bmatrix} -2{,}128541 & 1{,}534076 & 0 \\ 0 & -4{,}447273 & 0 \\ 0 & 0 & -6{,}568868 \end{bmatrix} 10^{-6}$$

  e $m_f = -0{,}00226$. Note-se que o centro de massa deste conjunto de furos está deslocado em relação ao centro de massa do conjunto balanceado. O deslocamento é dado pelo vetor, em metros, $\boldsymbol{d}^T = [\,0{,}01567 \quad -0{,}01083\,]$

- O tensor de inércia e massa do conjunto com desbalanceamento, sempre usando as mesmas unidades, é a soma dos efeitos dos furos em relação ao centro de massa do conjunto:

$$J_c^d = \begin{bmatrix} 1{,}481648 & 0{,}001150 & 0 \\ 0 & 3{,}441320 & 0 \\ 0 & 0 & 3{,}438933 \end{bmatrix} 10^{-3}, m_c^d = 2{,}584$$

O deslocamento do centro de massa é desprezível em função da grande diferença de massa entre o conjunto do rotor e a massa da furação.

2. **Esforços nos mancais devidos ao peso do rotor**

   Os esforços que equilibram o peso total do conjunto são divididos entre os dois mancais. Como estão montados simetricamente ao rotor, e o deslocamento do centro de massa devido à furação foi desprezado, cada mancal, a e b, suporta

$$\boldsymbol{F}_z^a = \boldsymbol{F}_z^b = \frac{1}{2} m_c^d g = 12.67\text{N}$$

   na direção vertical z.

3. **Esforços nos mancais devidos ao desbalanceamento do rotor como função de sua velocidade angular, assumida constante**

   Os esforços devidos a cada um dos furos podem ser calculados, em módulo, como o produto

$$|\boldsymbol{F}| = m^d r^d \omega^2 = m^d r^d \left(\frac{2\pi f}{60}\right)^2$$

   onde m^d e r^d são as massas relacionadas a cada furo e as distâncias radiais de cada um deles em relação ao eixo de rotação, respectivamente. Para efeito do cálculo do módulo, as massas não precisam ser consideradas negativas. A velocidade angular do rotor, ω, deve ser expressa em rd/s, cuja conversão a partir da velocidade f expressa em rpm também é mostrada na fórmula.

   Os dois furos, diametralmente opostos, geram forças que se cancelam, restando apenas o efeito na face com apenas um furo.

Desta forma, o módulo da força de desbalanceamento fica

$$|\boldsymbol{F}| = (7{,}533 \times 10^{-4})(3{,}25 \times 10^{-4})\omega^2$$

em N; para, por exemplo, $f = 3600\text{rpm}$ o o módulo da força seria $|\boldsymbol{F}| = 3{,}48\text{N}$, enquanto que a $f = 36000\text{rpm}$ o resultado seria $|\boldsymbol{F}| = 348\text{N}$. As forças estão direcionadas segundo o eixo 2. Estes valores devem ser comparados com os esforços devidos ao peso do rotor.

4. **Esforços nos mancais e momento elétrico necessário para acelerar o motor inicialmente parado até 15000rpm em cerca de 20s**

5. **Esforços nos mancais e momento elétrico necessário para acelerar o motor inicialmente parado até 15000rpm em cerca de 1s**

   Para os exercícios 4 e 5 devem ser considerados ambos os casos, sem e com desbalanceamento, e a evolução no tempo dos esforços deve ser calculada. O momento elétrico, na direção do eixo 1, pode ser aproximado pelo fato de os mancais serem rígidos, somente permitindo que haja aceleração angular (e rotação) em torno deste mesmo eixo 1. Assim, o momento elétrico M_e, constante, fica: $M_e = J_{11}\alpha_1 = J_{11}(\Delta\omega_1/\Delta t)$ ou seja, o item 4, à esquerda, e o 5, à direita são dados por:

$$M_e = J_{11}\frac{1500(2\pi)}{(60)(20)} = J_{11}25\pi \quad M_e = J_{11}\frac{1500(2\pi)}{(60)(1)} = J_{11}500\pi.$$

Substituindo os valores de J_{11} de acordo com o rotor estar ou não desbalanceado, tem-se para o item 4

balanceado: $M_e = 0{,}117\text{Nm}$ desbalanceado: $M_e = 0{,}116\text{Nm}$

e para o item 5

balanceado: $M_e = 2{,}331\text{Nm}$ desbalanceado: $M_e = 2{,}327\text{Nm}$.

Os momentos para os casos desbalanceados são ligeiramente menores uma vez que as furações retiram massa do rotor, reduzindo sua inércia.

Resultados típicos da evolução no tempo das reações são obtidos com a utilização, por exemplo, do programa de simulação *Universal Mechanism.* Nas figuras A.2 e A.3, a seguir, pode ser observada a defasagem nos valores das forças nos mancais, quando acompanhados os primeiros instantes da aceleração.

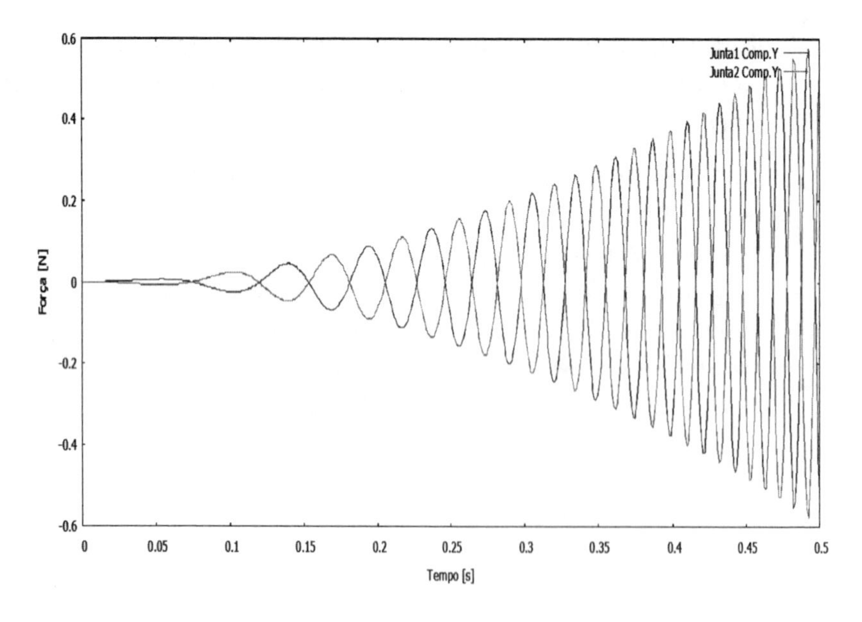

Figura A.2: Componentes y das forças, rotor desbalanceado

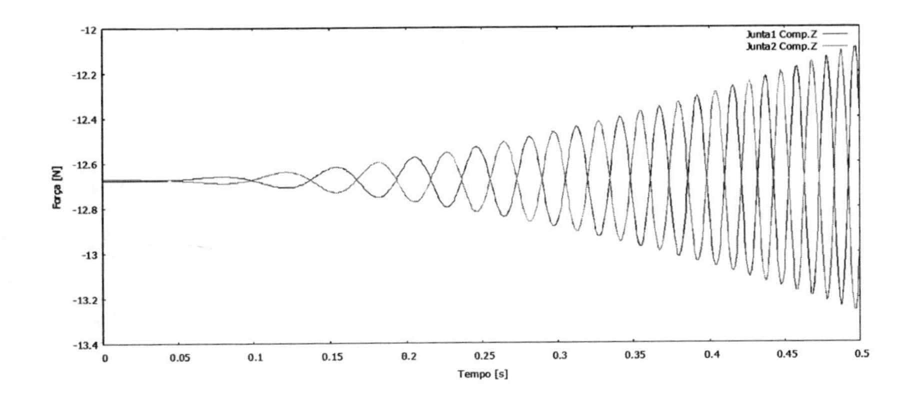

Figura A.3: Componentes z das forças, rotor desbalanceado

Para intervalos de tempo maiores, como por exemplo em A.4 e A.5, aparece com clareza o caráter quadrático da dependência entre o módulo da força e a velocidade angular.

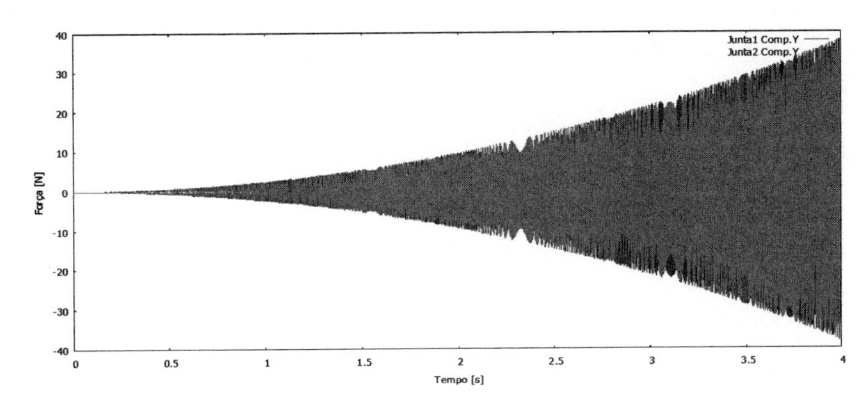

Figura A.4: Componentes y das força, rotor desbalanceado

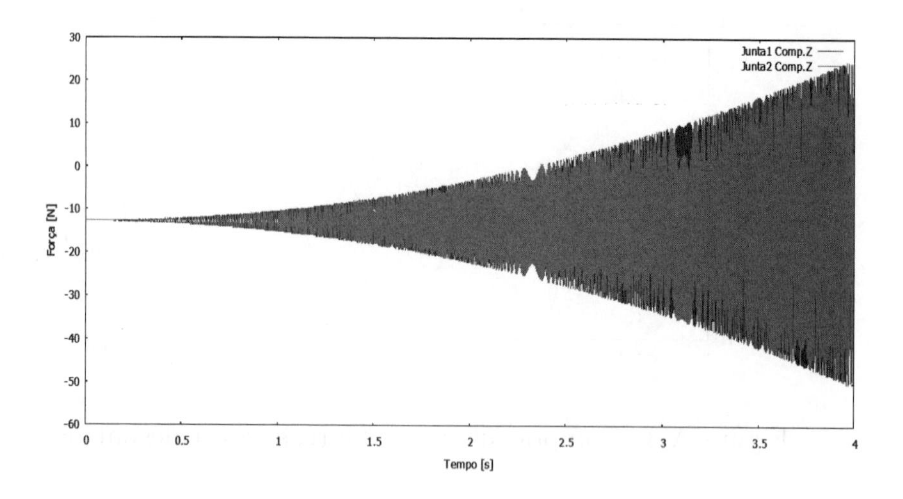

Figura A.5: Componentes z das forças, rotor desbalanceado

6. Os exercícios posteriores ao anterior devem ser resolvidos com o uso do software *MATLAB* ou equivalente.

A.3 Exercícios do capítulo 3

Exercício 3.9.1

1. As curvas na página 118 aproximam a função $F_m = K_m(i/d)^2$. Para uma corrente $i = i_r = 2{,}00$ essa força magnética deve equilibrar o peso da esfera $P = mg = 10$ na posição de referência d_r. Partindo da ordenada 10 uma reta horizontal é traçada até a curva $i = 2{,}00$ e deste ponto desce uma reta vertical até a abscissa $d = d_r \approx 0{,}027$ logo

$$F_m^r = K_m \left(\frac{i_r}{d_r}\right)^2 = 10 \quad \Longrightarrow \quad K_m = 10 \left(\frac{d_r}{i_r}\right)^2 \approx 0{,}0018$$

   As fórmulas na equação (3.4) da página 76 levam aos coeficientes do modelo linearizado: $k_i = 2K_m i_r^2/d_r^2 = 20$ e $k_d = 2K_m i_r^2/d_r^3 \approx 741$. A função de transferência seria $k_i/(ms^2 - k_d)$ com polos em $\pm\sqrt{k_d/m}$.

2. Os mesmos procedimentos do exemplo esmiuçado na seção 3.3.4 podem ser seguidos. Supondo $h_s = 1$ e um PD $C(s) = k_p + \tau_d s$ as equações (3.6) e (3.7) levam à função de transferência de malha fechada

$$T^c(s) = (20\tau_d)\frac{s + k_p/\tau_d}{s^2 + 20\tau_d s + 20(k_p - 37{,}05)} = K_c \frac{n_c(s)}{d_c(s)}$$

   Por Hurwitz, a condição de estabilidade é $\tau_d > 0$ e $k_p > 37{,}05$. Em um PD cancelante, o zero de $T^c(s)$ cancela um polo; assim, obrigando $d_c(s)$ a se anular no valor do zero, $-k_p/\tau_d$, chega-se a $k_p = \sqrt{741}\tau_d \approx 27{,}22\tau_d$. Isto garante um zero e um polo de $T^c(s)$ em $-k_p/\tau_d \approx -27{,}22$; o polo restante (imagem refletida do polo instável) também deve estar em $-\sqrt{741}$, logo $d_c(s) = (s + \sqrt{741})^2$ donde $\tau_d \approx 2{,}72$ e $k_p = 74{,}1$.

3. O projeto acima foi simulado, e na figura A.6 aparece a resposta a uma condição inicial $y(0) = 1\text{cm}$, referência nula e um degrau de distúrbios aplicado a partir de $t = 0{,}5$ segundos. O comporta-

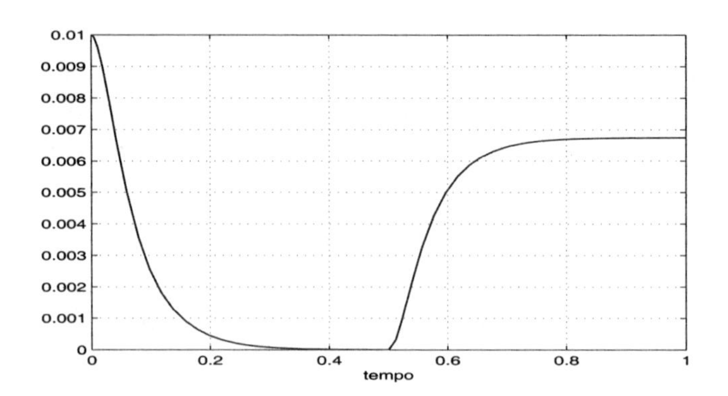

Figura A.6: Comportamento do PD cancelante

mento, como era de se esperar, é o de um sistema de 1.a ordem com dinâmica rápida, e estabilização em menos de 0,4 segundos. Degraus de distúrbios causam efeitos significativos contra os quais o PD é ineficaz. Os leitores são convidados a atacar as outras simulações pedidas.

4. O diagrama da figura 3.17, página 89, pode ser usado, com os dados obtidos acima, mais $h_s = 1$ e um controlador PID representado por $C(s) = k_p + \tau_d s + 1/(\tau_i s)$. A função de transferência de comando para a malha fechada, após os algebrismos, será

$$T^c(s) = (20\tau_d)\frac{s^2 + (k_p/\tau_d)s + 1/\tau_i\tau_d}{s^3 + 20\tau_d s^2 + (20k_p - 741)s + 20/\tau_i} = K_c\frac{n_c(s)}{d_c(s)}.$$

Um duplo cancelamento leva a um desempenho final de 1.a ordem, como no caso do PD; para isto, o denominador $d_c(s)$ acima deve ser múltiplo de $n_c(s)$; efetuando a divisão e impondo que o resto seja nulo, encontram-se valores inadequados (ou infinitos ou instabilizantes) para os parâmetros k_p, τ_d e τ_i, como os leitores são convidados a verificar.

Pesquisando a possibilidade de apenas uma raiz comum a $n_c(s)$ e $d_c(s)$ algo surge: é possível fazer com que o real $-p_a = -\sqrt{741}$, e apenas ele, seja simultâneamente polo e zero de $T_c(s)$. Isto é intrigante, pois a dinâmica da malha aberta é caracterizada pelos polos simétricos $\pm\sqrt{kd/m} = \pm\sqrt{741}$. Um projeto simples, cancelante e com desempenho rápido consiste em colocar os três polos em $-p_a$; os leitores são novamente convocados para verificar que um dos zeros cancelará um polo, o outro zero se acomodará em $-p_a/3$ e os parâmetros requeridos são $k_p = (p_a^2/5) \approx 148{,}2$; $\tau_d = (3p_a/20) \approx 4{,}08$ e $(1/\tau_i) = (p_a^3/20) \approx 1008{,}55$ ou então $\tau_i \approx 0{,}00099$.

5. O projeto acima foi simulado, e na figura A.7 aparece a resposta a uma condição inicial $y(0) = 1$cm, referência nula e um degrau de distúrbios aplicado a partir de $t = 0{,}5$ segundos. O desempenho

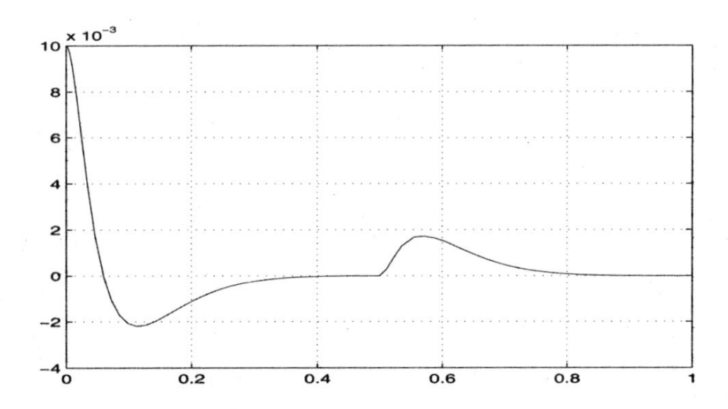

Figura A.7: Comportamento do PID cancelante

permanece bom, com dinâmica rápida, e estabilização em menos de 0,4 segundos, embora haja sobrepassos de pequena magnitude. A grande diferença para o PD é que degraus de distúrbios são agora rejeitados. Os leitores são mais uma vez convidados a atacar as outras simulações pedidas.

6. A simplificação linear relacionando u e y utilizada anteriormente com bons resultados é $m\ddot{y} - k_d y = k_i u$; o modelo geral, não linearizado, aparece na equação (3.1), página 75: $m\ddot{y} - K_m(i_r + u)^2/(d_r - y)^2 = -mg$, onde todos os parâmetros são conhecidos. Esta equação será simulada, com o controle PD cancelante anterior; a figura A.8 mostra a resposta a uma CI $y(0) = 1$cm e referência nula. O desempenho piora muito e a estabilização

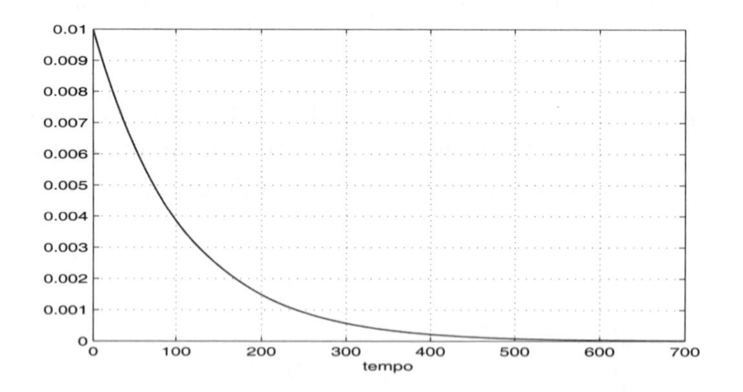

Figura A.8: Uso do PD cancelante no modelo geral

acontece em ≈ 600 segundos. Um trabalho repetitvo com várias CIs mostra que para $y(0) \in (-\infty \quad 0{,}027)$ haverá estabilização, e sempre com a mesma dinâmica de 600 segundos. Valores de $y(0) \geq 0{,}027$ são desastrosos, como aliás seria de se esperar, visto que 2,7cm é a distância entre a posição de referência e o DEMA. Degraus de distúrbios são fortemente instabilizantes.

Os leitores devem efetuar as outras simulações pedidas, para o controle PID.

7. Os procedimentos do exemplo na seção 3.3.4 já foram seguidos duas vezes em itens anteriores; serão novamente trilhados, agora para um controlador capaz de rejeitar distúrbios da forma $v(t) = v_0 \operatorname{sen}(\omega_0 t)$; a teoria diz que uma cópia da dinâmica do sinal que se quer rejeitar deve estar presente no agente rejeitador, e assim a possibilidade mais simples seria $C(s) = k_p(s^2 + b_1 s + b_0)/(s^2 + \omega_0^2)$ onde k_p e os b_i são parâmetros para estabilizar. A montagem completa tem dinâmica de 4.a ordem, ou seja, há 4 polos para acertar, e apenas 3 parâmetros manejáveis para isso, talvez não seja possível. Algebrismos razoavelmente simples, mas trabalhosos, mostrariam que, de fato, tal compensador não conseguiria estabilizar a malha fechada. O uso adicional de ação derivativa no controlador deve resolver e leva a $C(s) = \tau_d s + k_p(s^2 + b_1 s + b_0)/(s^2 + \omega_0^2)$ com 4 parâmetros ajustáveis e função de transferência de malha fechada $T^c(s) =$

$$\frac{(k_i\tau_d)[s^3 + \rho s^2 + (\omega_0^2 + \rho b_1)s + \rho b_0]}{s^4 + k_i\tau_d s^3 + (k_i\tau_d\rho + \omega_0^2 - p_a^2)s^2 + k_i\tau_d(\omega_0^2 + \rho b_1)s + k_i\tau_d\rho b_0 - \omega_0^2 p_a^2}$$

em que $\rho = k_p/\tau_d$ e $p_a^2 = k_d = 741$. Se um dos zeros de $T^c(s)$ for colocado em $-p_a$ haverá um cancelamento permitido (na região estável) e a ordem da malha fechada cairá para 3; para colocar os três zeros em $-p_a$, e supondo $\omega_0 = p_a = \sqrt{741}$, os valores de projeto devem ser $b_0 = p_a^2/3 = 247$, $b_1 = p_a - \omega_0^2/(3p_a) = 2p_a/3 = 18{,}15$ e $\rho = 3p_a \approx 81{,}66$. O valor $\tau_d = 12{,}85$ (correspondente a $k_p = 1049{,}38$) aloca dois polos da malha fechada em ≈ -108 e o restante em ≈ -15. Este projeto foi simulado e a figura A.9 mostra a resposta a uma CI $y(0) = 1$cm, referência nula e distúrbios senoidais $v(t) = 100 \operatorname{sen}(\omega_0 t)$ aplicados a partir de $t = 0{,}5$ segundos. O desempenho transitório do projeto é bas-

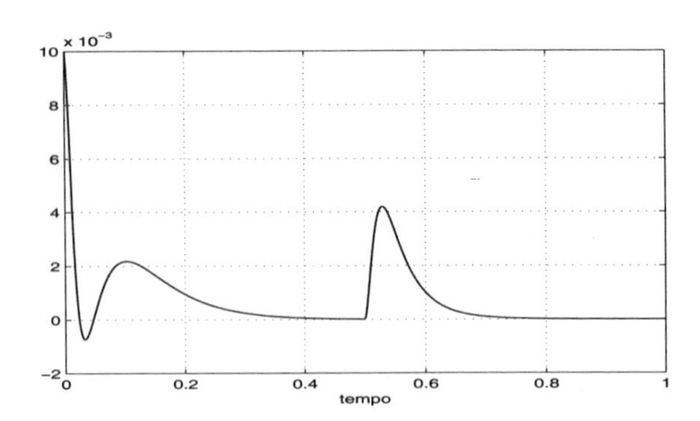

Figura A.9: Rejeitando senos

tante bom, com estabilização em $\approx$ 0,4 segundos; após um pico razoavelmente intenso, os distúrbios são rejeitados com muita eficiência, o que é notável tendo em vista a alta amplitude deles! A falha desta estratégia é a largura muito estreita da faixa de rejeição; os leitores devem verificar que variações de apenas 5% na frequência ω_0 resultam em oscilações indesejáveis em regime permanente... Degraus não são rejeitados.

Exercício 3.9.2

1. Os projetos foram simulados, no modelo linear, e a figura A.10 exibe as respostas a uma condição inicial $y(0) = 1$cm, referência e distúrbios nulos. Os desempenhos dos projetos 1 e 2 têm dinâmicas rápidas, com estabilização em menos de 0,02 segundos, sem sobrepassos; o PD cancelante é mais rápido. O projeto P3, apesar de cancelante, é muito mais lento, porque o polo sobrevivente é dominante e tem módulo 100 vezes menor que no caso 2.

A figura A.11 mostra as variáveis de controle $u(t)$ para condição

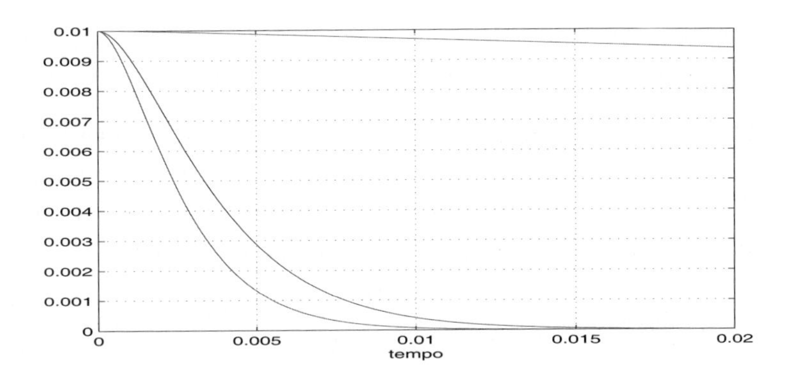

Figura A.10: Comparação entre PDs: respostas a CI

inicial $y(0) = 1$cm, referência e distúrbios nulos. Os projetos P1

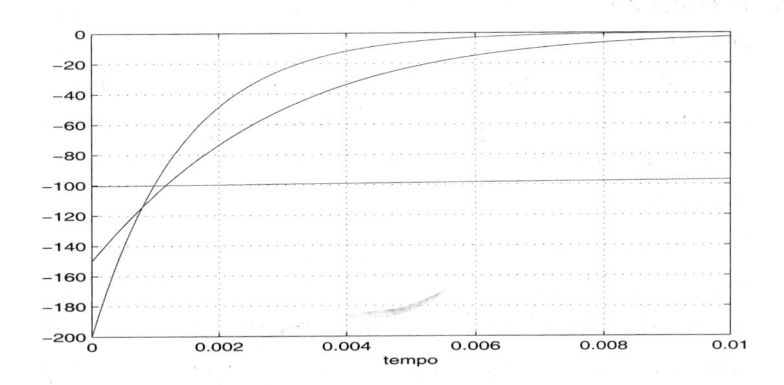

Figura A.11: Comparação entre PDs: esforços de controle

e P2 exigem correntes com amplitudes máximas de $\approx$ 150 e 200 ampères; são picos de correntes pois em menos de 0,01 segundos já tendem a zero. O projeto P3 exige $\approx$ 100A inicialmente e este valor decresce muito lentamente durante a longa estabilização.

Os leitores são convidados às outras solicitações do item; os valores numéricos deste exercício são de tal ordem que apenas distúrbios com altas magnitudes terão efeitos perceptíveis nas curvas.

2. O diagrama da figura 3.17, página 89, pode ser usado mais uma vez, com os dados desta situação, para um controlador PID $C(s) = k_p + \tau_d s + 1/(\tau_i s)$. A função de transferência de comando para a malha fechada, após os algebrismos, será

$$T^c(s) = (50\tau_d)\frac{s^2 + (k_p/\tau_d)s + 1/\tau_i\tau_d}{s^3 + M\tau_d s^2 + M(k_p - 2)s + M/\tau_i} = K_c\frac{n_c(s)}{d_c(s)} \tag{A.1}$$

em que $M = 250000$. Para haver três polos em -500 é preciso que $d_c(s) = (s + 500)^3$; equacionando vem $k_p = 5, \tau_d = 0{,}006$ e $\tau_i = 0{,}002$.

3. A equação anterior continua válida. Para haver um duplo cancelamento os zeros trazidos pelo PID devem ser também polos, ou seja, o denominador $d_c(s)$ acima deve ser múltiplo de $n_c(s)$; efetuando a divisão e impondo resto nulo, encontra-se as condições para isto: $k_p = 0$ ou $\tau_i\tau_d = \infty$, valores inadequados para o projeto.

   Para um único cancelamento, raciocínios algébricos ou então baseados no Método do Lugar da Raízes (Root Locus) poderiam ser usados, resultando em que um dos zeros adicionados pelo controle deve se alocar em $-p_a = -\sqrt{k_d/m} = -500\sqrt{2} \approx -707$; a condição para isto é $(1/\tau_i) = p_a(k_p - \tau_d p_a)$. Efetuando os algebrismos do cancelamento a função de transferência fica

$$T^c(s) = (50\tau_d)\frac{s + (k_p/\tau_d) - p_a}{s^2 + (M\tau_d - p_a)s + M(k_p - p_a\tau_d - 2) - p_a^2}$$

   evidenciando que os parâmetros ainda soltos k_p e τ_d podem ser utilizados para escolher a dinâmica associada aos dois polos sobreviventes.

4. Leitores, este item é com vocês, às simulações!
5. E este também!

Exercício 3.9.3

1. Utilizando o roteiro da seção 3.4.1, página 97, é imediato verificar que a realimentação de estados associada à matriz $F^1 = [500 \; -25000 \; -30]$ leva a

   - $k_p = \alpha = -f_2/h_s = 5$;
   - $\tau_d = \beta = -f_3/h_s = 0{,}006$;
   - $\tau_i = 1/f_i = 0{,}002$

   e este é exatamente o PID projetado no item 2. do exercício anterior.

2. Métodos numéricos podem auxiliar na busca da realimentação de estados que coloca os autovalores da malha fechada em $-\sqrt{k_d/m} \approx -707$, levando a $F^2 = [1000\sqrt{2} \; -40000 \; -30\sqrt{2}]$ de onde, pelo procedimento do item acima:

   - $k_p = \alpha = -f_2/h_s = 8$;
   - $\tau_d = \beta = -f_3/h_s = 0{,}006\sqrt{2}$;
   - $\tau_i = 1/f_i = 0{,}0005\sqrt{2}$

   Entrando com estes valores numéricos na expressão (A.1) para $T_c(s)$, no exercício anterior, os polos realmente se alocarão onde deveriam, e os zeros serão $-167\sqrt{2}$ e $-500\sqrt{2}$ mostrando que há um cancelamento.

3. Este item fica a cargo dos leitores.

4. E este também.

5. Este exercício mostra que o projeto de PIDs pode ser feito no domínio das tranformadas de Laplace, trabalhando com funções de transferência, polinômios, escolhas algébricas de polos e zeros ou os tradicionais métodos do Lugar da Raízes e Resposta em Frequência, em um ambiente que se costuma chamar de *clássico,* ou em uma moldura mais *moderna,* no espaço de estados, com métodos matriciais implementados, em geral, numericamente. Qual o melhor caminho? Questão difícil, melhor deixar que preferências individuais ditem as respostas.

Exercício 3.9.4

1. As fórmulas em (3.31) da página 107 permitem calcular os parâmetros da expressão básica (3.30) repetida em (3.41); entrando com os valores numéricos para rotor parado ($\omega_r = 0$) viria:

$$A \approx 10^5 \begin{bmatrix} 0 & 0 & 10^{-5} & 0 \\ 0 & 0 & 0 & 10^{-5} \\ 3{,}56 & 0 & 0 & 0 \\ 0 & 3{,}56 & 0 & 0 \end{bmatrix}; \quad B \approx \begin{bmatrix} 0 & 0 \\ 0 & 0 \\ 164 & 0 \\ 0 & 164 \end{bmatrix}$$

e a dinâmica de A é dada por seus quatro autovalores agrupados dois a dois em $\pm 596{,}81$. Como é normalmente o caso em sistemas com várias entradas, há várias possíveis realimentações de estados que concentram os quatro polos em $-596{,}81$ ... Uma solução interessante pode ser obtida notando que há desacoplamento total entre os canais x e y, que a dinâmica em cada uma dessas direções é governada por

$$A_r = 10^5 \begin{bmatrix} 0 & 10^{-5} \\ 3{,}56 & 0 \end{bmatrix} \quad \text{e} \quad B_r = \begin{bmatrix} 0 \\ 164 \end{bmatrix}$$

e que $[-4341{,}5 \quad -7{,}3]$ coloca os autovalores deste sistema reduzido em $-596{,}81$, logo a solução para o caso geral será

$$\boldsymbol{u} = F_1\boldsymbol{x} \qquad \text{com} \qquad F_1 = \begin{bmatrix} -4341{,}5 & 0 & -7{,}3 & 0 \\ 0 & -4341{,}5 & 0 & -7{,}3 \end{bmatrix}.$$

Simulações, por conta dos leitores, mostram respostas rápidas, com estabilizações em $\approx -0{,}015$ segundos.

2. Para 200rpm a velocidade angular será $\omega_r = 2\pi(200)/60 \approx 21$rd/s e os cálculos levam a matrizes A e B praticamente idênticas às acima, com a única diferença no bloco inferior direito A_{22} cujos elementos fora da diagonal tem módulo $\approx 0{,}31$. Os autovalores ganham uma parte imaginária muito pequena, $\pm 596{,}81 \pm j0{,}15$, mostrando que nesta baixa rotação o efeito giroscópico pode ser desprezado. As outras pedidas deste item ficam, como quase sempre, para os leitores.

   Para 2000rpm os cálculos mostram A e B idênticas exceto no bloco inferior direito A_{22} cujos elementos fora da diagonal são $\pm \approx 3{,}1$. Os autovalores ganham uma parte imaginária ainda pequena, $\pm 596{,}81 \pm j1{,}54$, mostrando que o efeito giroscópico ainda é pequeno. A realimentação de estados pedida é

$$\boldsymbol{u} = F_3\boldsymbol{x} \qquad \text{com} \qquad F_3 = \begin{bmatrix} -4341{,}5 & -11{,}2 & -7{,}3 & 0 \\ -11{,}2 & -4341{,}5 & 0 & -7{,}3 \end{bmatrix}.$$

   Para 20000rpm os cálculos mostram diferenças apenas em A_{22} cujos elementos fora da diagonal são $\pm \approx 31$. Os autovalores ganham uma parte imaginária maior, $\pm 596{,}81 \pm j15{,}45$, mostrando que o efeito giroscópico aumenta linearmente com a rotação. A realimentação de estados pedida é

$$\boldsymbol{u} = F_4\boldsymbol{x} \qquad \text{com} \qquad F_4 = \begin{bmatrix} -4338{,}6 & -112{,}3 & -7{,}3 & 0 \\ -112{,}3 & -4338{,}6 & 0 & -7{,}3 \end{bmatrix}.$$

3. Os resultados acima ilustram que o efeito giroscópico aumenta linearmente com a rotação. Verifica-se que a solução F_1, calculada para o rotor parado, é ainda capaz de estabilizar nas condições de alta rotação, 20000rpm, o que mostra que a variação do modelo dos mancais magnéticos com os parâmetros de operação pode, normalmente, ser desprezada.

4. Leitores, mãos à obra.

5. A frequência pedida é 596,81rd/s corresponde a $\approx$ 5700rpm. Leitores, para vocês.

6. Leitores, mãos à obra.

A.4 Exercícios do capítulo 4

Exercício 4.6.1

Para a solução deste exercício, sugere-se o emprego de um dos seguintes programas do computador: Pspice for Windows, Circuit Maker, Multisim ou Psim. Estes aplicativos possuem diversos modelos de componentes e dispositivos eletrônicos.

Exercício 4.6.2

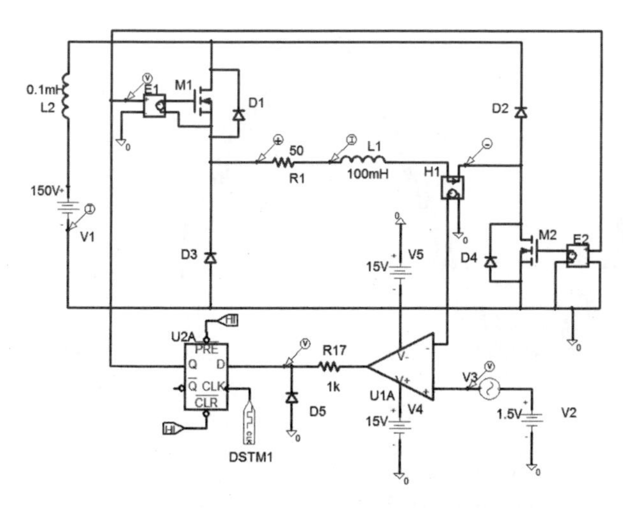

Figura A.12: Diagrama do circuito que implementa a fonte de corrente solicitada

Como se trata de uma corrente unidirecional, então se pode utilizar o modelo do circuito da Figura 4.14 na página 144. O sensor de corrente é modelado por uma fonte de tensão controlada por corrente, que no caso está representada pelo bloco H1. A referência de corrente é simulada pela soma das tensões de uma fonte contínua V2, de 1,5V e de uma fonte senoidal V3, de amplitude 0,5V e frequência 63,66Hz. A comparação é feita com um amplificador operacional, U1A, operando como comparador. Como este é alimentado com duas fontes simétricas de 15V, a saída é limitada no valor negativo através da resistência R17 e D5. O flip-flop tipo

D é excitado por um sinal de relógio de 10kHz. O acionamento dos Mosfet's é simulado através de duas fontes de tensão controladas por tensão: E1 e E2, cujas entradas são conectadas à saida Q do flipA-flop U2ª. O valor da fonte de alimentação V1 foi aumentado de 100V para 150V, pois a forma de onda da corrente é mais bem-conformada. Um indutor em série com a fonte foi adicionado para simular o efeito dos condutores.

As principais formas de onda e os seus respectivos espectros de frequência são mostrados nas figuras de A.13 a A.17, nas páginas seguintes.

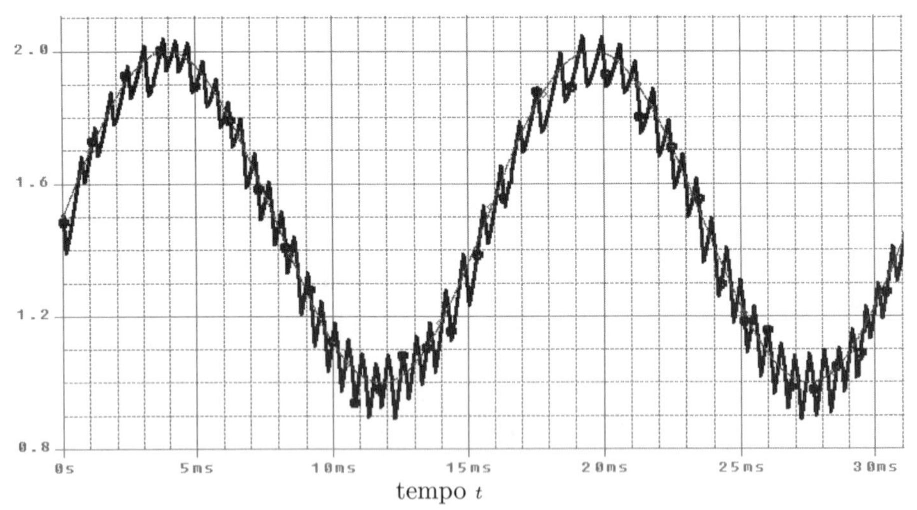

Figura A.13: Formas da corrente na bobina I(L1) e sua referência V(V3:+)

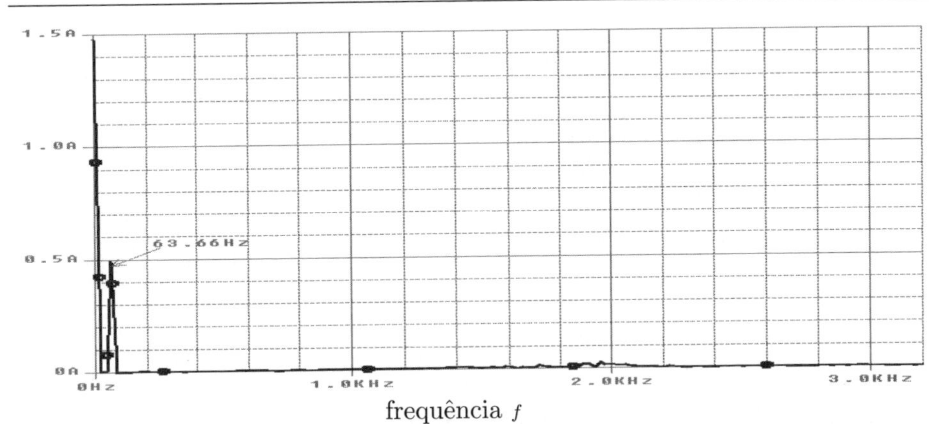

frequência f

Figura A.14: Espectro de frequências da corrente na bobina I(L1)

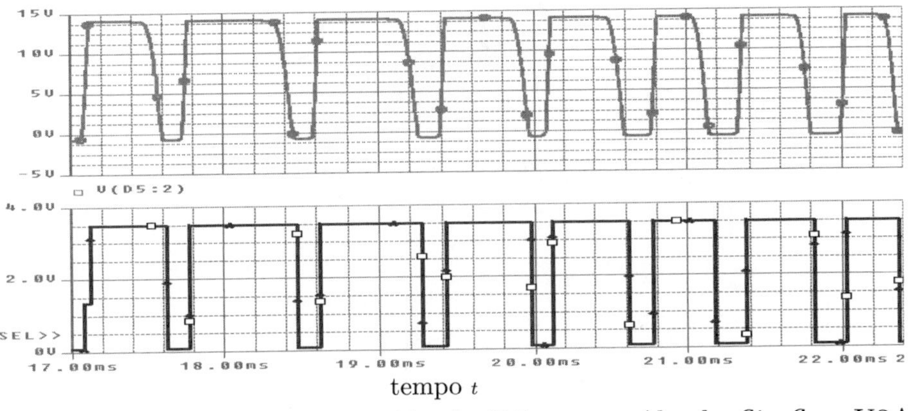

tempo t

Figura A.15: Tensões no catodo de D5 e na saída do flip-flop U2A (V(E1:1))

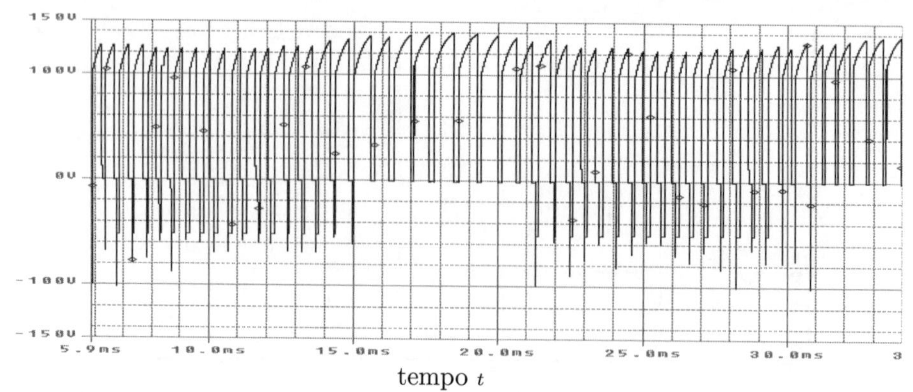

Figura A.16: Onda da tensão nos terminais da bobina V(R1:2, H1:2)

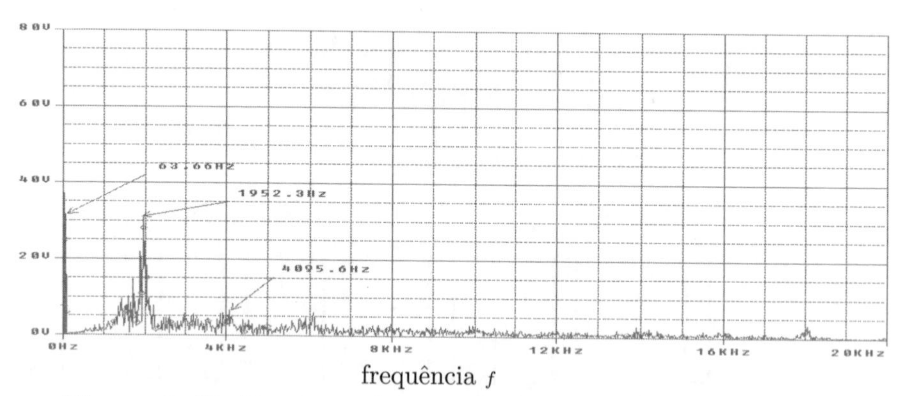

Figura A.17: Espectro da tensão na bobina V(R1:2, H1:2)

Exercício 4.6.3

Neste caso, o exercício é resolvido de forma análoga ao anterior, substituindo-se o circuito utilizado naquela solução, meia-ponte H, pelo circuito mostrado na figura 4.15(a), ponte H completa, mudando a amplitude da fonte V2 para 2V e dispensando a fonte V3.

Exercício 4.6.4

Considera-se V=100V, $x_0 = 5 \times 10^{-4}$m, R=50ohm, $i(t_1) = 0{,}8$A e $i(t_2) = 1{,}2$A. O valor nominal de L seria 0,1H. Com esta informação, pode-se montar a tabela abaixo, que pode ser ilustrada graficamente na figura A.18, a seguir:

x_0 (10^{-4})	V	L	R	i_1	i_2	Eq. (4.6)	Eq. (4.7)
5,00	100	0,100	50	0,8	1,2	$(V-Ri_1)/L$	$(-V-Ri_2)/L$
x (10^{-4})	V	L	R	i_1	i_2	Eq. (4.6)	Eq. (4.7)
3,75	100	0,133	50	0,8	1,2	450	−1200
5,00	100	0,100	50	0,8	1,2	600	−1600
6,25	100	0,080	50	0,8	1,2	750	−2000

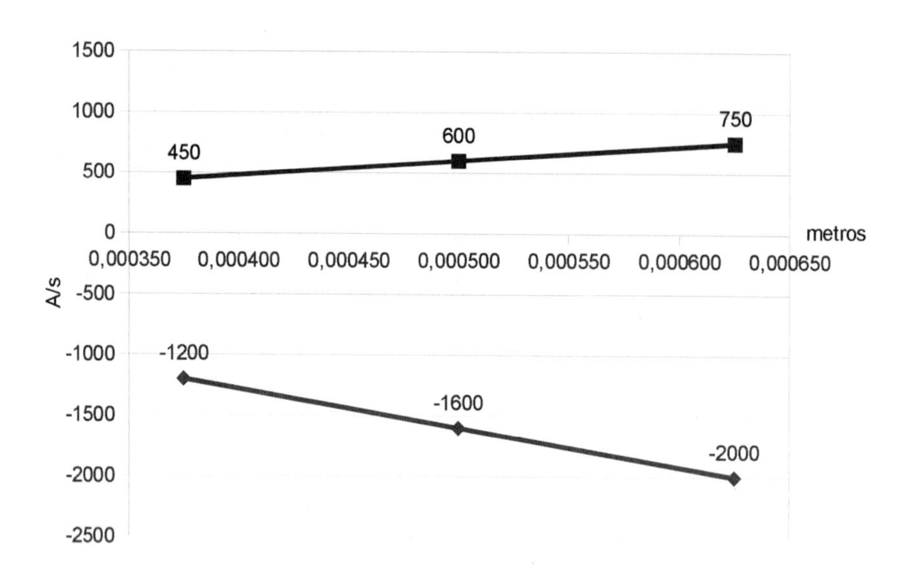

Figura A.18: Taxas de variação inicial da corrente em função do entreferro — equações (4.6) e (4.7).

A.5 Exercícios do capítulo 5

Exercício 5.6.1

Os Mancais Magnéticos precisam, para seu controle de posição, de sensores que ofereçam as seguintes características:

- Boa resposta em frequência, de 100Hz a 5kHz;
- Boa linearidade, na faixa de medida até 5mm;
- Boa imunidade ao ruído;
- Baixo ruído interno;
- Estabilidade térmica;
- Confiabilidade;
- Baixa histerese.

Por estas razões, os sensores de princípio indutivo e de correntes parasitas são os que melhor respondem para esta aplicação.

Exercício 5.6.2

São de menor tamanho, trabalham com maior frequência (2MHz) e podem ser colocados próximos um do outro com pouca interferência.

Exercício 5.6.3

As principais características do DSP para uso em mancais magnéticos são:

- Tenha alguns algoritmos matemáticos prontos, além das funções matemáticas básicas tem filtros digitais, para minimização de ruídos e algumas operações com matrizes;
- Seja capaz de realizar milhões de multiplicações e adições por segundo;
- Consiga processar a informação em tempo real;
- Poder receber mais de 06 sinais analógicos simultaneamente;
- Trabalhar aritmética com ponto flutuante.

Exercício 5.6.4

Com base na tabela 5.3, pode-se ressaltar os seguintes DSPs:

- Analog Device ADSP-TS20x fixo/flutuante, 600MHz e também o ADSP213xx flutuante 450MHz;
- Texas Instruments TMS320C28x fixo/flutuante, 300MHz e também o TMS320C67x flutuante 300MHz.

A.6 Exercícios do capítulo 6

Exercício 6.3.1

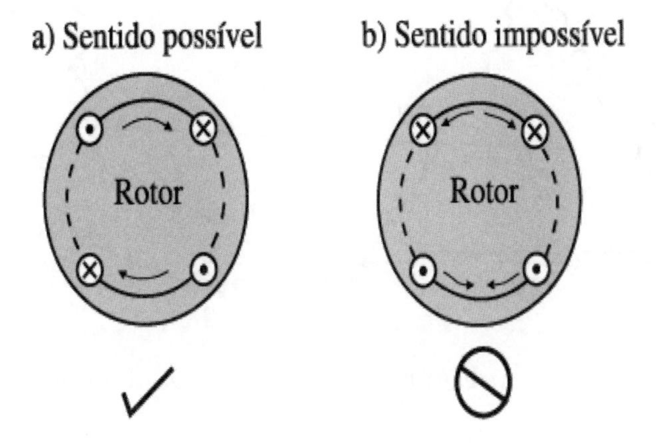

Figura A.19: Circulação de correntes induzidas no rotor — bis

O objetivo de utilizar a configuração de quatro polos no rotor da Figura 6.8, acima repetida para comodidade, é minimizar a perturbação provocada no controle de posição pelas correntes induzidas que não são de quatro polos.

Caso seja usado o rotor de gaiola de esquilo, o nível de correntes nas barras deve ser maior e, portanto, o nível de torque resultante deverá ser mais alto. Assim, a configuração da referida Figura 6.8 melhora as condições de posicionamento, mas diminui a capacidade de torque do motor.

Exercício 6.3.2

Duas configuração de bobinas de um motor Dahalander são mostradas na Figura A.20. Elas permitem mudar o número de polos do motor e, desta forma, mudar a velocidade do motor.

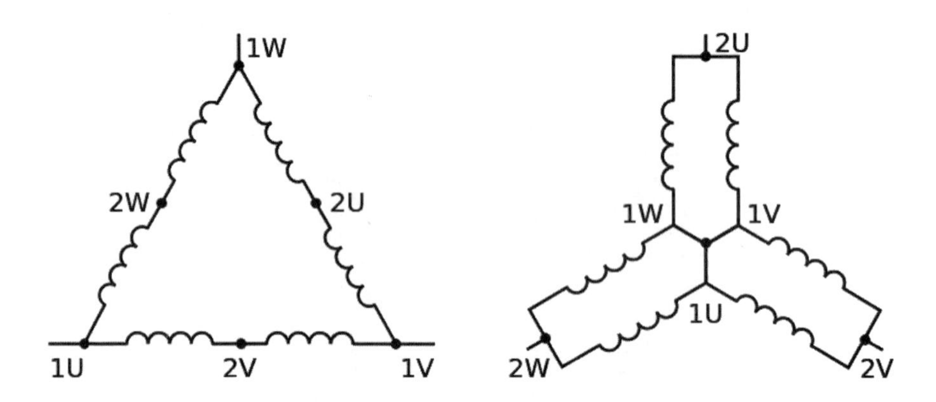

Figura A.20: Motor Dahlander

No caso de um motor sem mancais de bobinado dividido, é necessário uma configuração de estator de 04 ou mais polos. Uma possibilidade de configurar este motor é mostrada na figura A.21. Para se aproveitar um motor Dahalander é necessário, portanto, ter acesso independente de todos os terminais, o que exige uma pequena interferência no motor comercial.

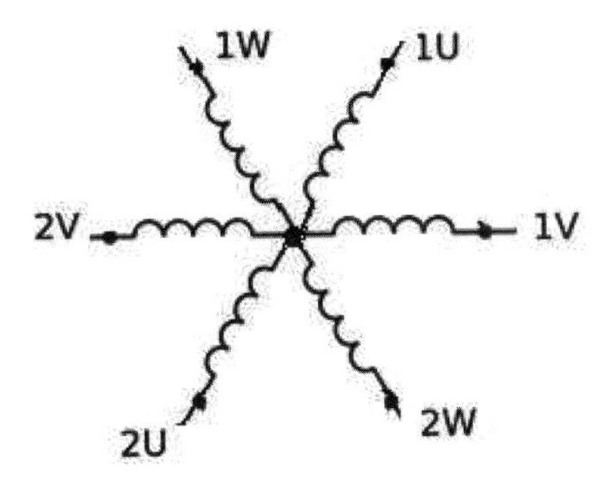

Figura A.21: Configuração em estrela para 04 polos

Índice Remissivo